The Almanack of Naval Ravikant

纳瓦尔宝典

财富与幸福指南

[美] 埃里克·乔根森 著　　　赵灿 译
(Eric Jorgenson)

中信出版集团 | 北京

图书在版编目（CIP）数据

纳瓦尔宝典 /（美）埃里克·乔根森著；赵灿译
. -- 北京：中信出版社，2022.4（2025.11重印）
书名原文：THE ALMANACK OF NAVAL RAVIKANT
ISBN 978-7-5217-4112-4

Ⅰ. ①纳… Ⅱ. ①埃… ②赵… Ⅲ. ①人生哲学－通
俗读物 Ⅳ. ① B821-49

中国版本图书馆 CIP 数据核字（2022）第 050874 号

纳瓦尔宝典
著者： [美]埃里克·乔根森
译者： 赵灿
出版发行：中信出版集团股份有限公司
（北京市朝阳区东三环北路 27 号嘉铭中心 邮编 100020）
承印者： 北京盛通印刷股份有限公司

开本：880mm×1230mm 1/32　　　　印张：8　　　字数：170 千字
版次：2022 年 4 月第 1 版　　　　　印次：2025 年 11 月第 37 次印刷
京权图字：01–2021–4040　　　　　 书号：ISBN 978–7–5217–4112–4
定价：68.00 元

谨以此书献给我的父母，

感谢你们尽力给我所有，又不断给予我更多。

目录

CONTENTS

第一部分

财富

PART ONE WEALTH

**额外推荐
BONUS**

关于本书的重要说明 DISCLAIMER

本书在创作时完全以纳瓦尔分享的文字记录、推文和谈话为基础。我尽力保留了纳瓦尔的原话和语言风格，但有几个问题需要重点说明：

- 为清晰简洁起见，文字记录经过多次编辑。
- 并非所有信息都来自第一手资料（部分内容来自其他作家引用纳瓦尔的话）。
- 我不能百分之百确定每个信息来源的真实性。
- 概念和解读会随着时间、媒介和背景的变化而变化。
- 若要引用本书中纳瓦尔的观点，请先用一手资料去核实。
- **对于书中纳瓦尔的观点，请以开放的心态解读，不必过于拘泥。**

本书的内容经过搜集和整理而成，所有片段均有其固定语境，人们对它们的解读会随着时间的推移而变化。因此，在阅读和理解的过程中，请不必囿于原意。纳瓦尔的本意可能与读者在不同时间、媒介、形式和背景下的解读有所不同，这一点望读者知悉。

在本书的创作过程中，穿凿附会或移花接木等失误可能会时有发生。由于时间、空间和媒介的不同，在传播过程中，有些话语的措辞或许会有所变化。我虽然尽心竭力想保全纳瓦尔的初衷，但错误仍在所难免。

为了便于阅读，纳瓦尔的采访内容经过了多次转录、编辑和改写。我尽力保留了纳瓦尔的原话和语言风格。

在这本书里，一切亮点均属纳瓦尔，所有错误都归我一人。

推文和推特风暴

推文使用了醒目的引文格式，是独一无二的内容，其作用是对文章的观点进行概括或强调。

> 这种格式是引用推文。

推特风暴（tweetstorms）是一系列连续的推文，格式如下：

> 这是推特风暴中的第一条推文。
>
> ∨
>
> 这是第二条推文。推特风暴是一系列推文，主题统一，篇幅较长，类似于一篇博客文章。

访谈提问用黑体表示

很多内容摘自谢恩·帕里什、萨拉·莱西、乔·罗根和蒂姆·费里斯等杰出创作者的访谈。访谈提问用黑体突出表示。为确保简单性和连续性，不同访谈之间未做区分。

篇章独立

本书无须按从头到尾的顺序阅读，读者可以根据喜好自行选择章节进行阅读。

查阅资料

如果有不熟悉的词语或概念，请查阅相关资料，或者继续阅读，借助语境加深理解。一些前面提及的观点后面的章节会有详细阐述。

引文

引文（如 [1]）表示摘录的结束。为确保阅读的顺畅性，我尽量把引文穿插在正文中。资料来源见附录，以供参考。有些资料来源会多次出现，没有先后顺序。

　　　　　　　　　　　　　　　财富与幸福源自选择

樊登博士
"樊登读书"创始人

　　这本书很薄，因为人生中真正重要的道理也确实不需要太多话。纳瓦尔比我大两岁，9 岁从印度移民美国。读这本书就好像看到时空中的另一个自己的精神成长史。虽然我们生活在不同的国家，从事着不同的工作，但高度重合的阅读书单让我们有着几乎相同的方法论和价值观。我们都喜欢佛陀、老子、达尔文、费曼、塔勒布、道金斯、查理·芒格、尤瓦尔·赫拉利和卡洛·罗韦利。我们都相信自由和幸福并不来自外在物质的满足，而是来自我们自身所做出的选择。放低自我是获得幸福的最有效方法，你越是喂养自己的自大，你对生活和整个世界的不满就越会吞噬你……所以，在读这本书的过程中绝大多数时候我的心里会说："不能同意更多！"尤其是前半部分关于如何获得财富的内容，简直涵盖了我在拙作《低风险创业》中给出的全部核心建议。

　　凡是写书的人都怕自己的书被说成是"成功学"，而这本书的副标题竟然就是直白的"财富与幸福指南"！我一方面佩服作者的坦率和自我，一方面也在反思关于"成功学"的讨论。其实没有人反对成功，除非你一定要把成功定义成打了鸡血面目狰狞的样子。大部分人都希望自己能够获得世俗意义上的成功，事业有成，身体健康，心理平衡，家庭幸福。但之前流行的"成功学"恰好做不到这一点，反而容易让一个人头脑发疯，手舞足蹈，充满可怕而不受控制的欲望。真正能让你成功的书，是敢于说出也有能力说出这个世界真相的书。你如果能够通过读这样一本书，获得一个重要的启发，进而早日开始自我的进步和迭代，这本书就是真正的好书。而凡是向你承诺读了某本书或者上了某门课就能获得财富和方法的人，几乎都是"成功学"的骗子。纳瓦尔说：如果社会可以培训你，那么社会也可以培训他人来取代你。大家都能学会的东西是不可能让你致富的。凡是可以批量化培训的技能都是能够被雇佣的技能。只有你自己学到的东西，才是属于你独有的能力，才有可能让你创业成功。请仔细分辨两者的不同。同样是读书，有人指望书本能告诉他怎么开始怎么结束，所以总是失望（或者被骗）。而有人从书中获得启发，自己思考，自己实践，于是对书充满感激。从同一个教室里走出的学生天差地别，就是因为有人等着被打造，有人是自己在探索。

纳瓦尔说，如果现在让他一穷二白，他依然可以很快致富。我不敢这么说，但如果能够知道关于财富和幸福的一些基本规律，至少可以增加再次致富的概率，而且在这个过程中我们不至于太过焦虑。这本教大家如何成功的书最重要的观点是，成功没法教。这一点恰恰是关于成功最应该被知道的东西。我们陷入了一个悖论，也许可以把它称作"成功学悖论"。另外，纳瓦尔讲的也未必都对。一个处在人生风口浪尖上的人难免会说出一些过于绝对的话。比如，他说不要加入任何读书会。我想那是因为他没想过读书会在移动互联网时代可以有更多样的形式。我看到了这个需求并想办法解决它，于是社会把这个欠条给了我。（同样符合纳瓦尔的理论。）

推荐序二

一场反直觉的精神瑜伽

范冰
《增长黑客》作者

2020 年初的新冠疫情，将彼时无数趾高气扬的创业者，从愚昧之巅推到了绝望之谷。周遭项目频繁爆雷，身边好友屡屡抱怨，使我警惕地将追逐增长的天际线，调低到了控制风险的警戒线。即便如此，我也关闭了一家亲手创建的公司。

愤懑彷徨数月后，我意外读到了一本出版不久的电子书。

此书平和却难掩锋芒，洗练中暗藏宝藏。它篇幅不长，平日阅读吞吐量尚可的我却花费了数倍于平时的时间，字斟句酌反复玩味。它就像一部思想的《洗髓经》，指引我反躬自省、突破心障，搭建了一套新的行事准则和信息系统，逐步走上了开悟之坡。

它就是《纳瓦尔宝典》。

纳瓦尔何许人也？他既是硅谷成功的创业家，创办了著名的股权众筹平台 AngelList，也是顶级投资人，投中了推特、优步等公司。

1996 年，纳瓦尔获得达特茅斯学院的计算机科学和经济学学位，进入硅谷工作。在帮助几家初创公司取得成功，并短期供职于一家风险投资公司后，他找到了自己的爱好——为投资人和创业者牵线搭桥。

最早他和合伙人开了一个叫 Venture Hacks 的博客，在网上教人们如何筹集创业必需的资金。很多创业者通过读 Venture Hacks 上的文章学习如何找风投，如何谈判风险投资协议，如何组织公司架构，如何进行财务管理。一段时间后，读者反馈希望纳瓦尔能代劳，所以他创立了 AngelList。AngelList 最初是一个电子邮件列表，每天会收到 5 000 封创业者提交的融资申请，之后渐渐演变成一个网站，陆续上线了在线融资、招聘等功能，成为硅谷最炙手可热的初创公司之一。

但真正让他火出圈的，是日常发的推特。

纳瓦尔最有名的一系列推特是"如何不靠运气致富"，堪称推特史上转载最多的推特之一。其核心思想是，你无法靠出卖时间变富，而是需要资产（公司、股票、实业）或被动收入（代码或媒体）。为此，你需要调动劳动力、资本的杠杆，并创造无复制成本的产品，最终将财富转换成享有幸福和自由的权利。

秉持开源精神，纳瓦尔允许埃里克将其推特整理成了电子版，挂在网站上供人免费下载。在上架亚马逊电子书店后，该书迅速拿下了年度财经榜第一名。

纳瓦尔像精明的商人，身体力行地演示着如何靠赚钱赢得时间自由，并在生命中最自由的那一年，全然跟随兴趣，赚了更多的钱。他又像哲学家，翩然世外地吟咏着对财富流动、科技演进、思想跃迁、幸福常驻的独到理解，从不主动寻求扩散，却在全球收获了一票忠实听众。

纳瓦尔的话题性，很大程度上源于这种跨界身份的对立统一。人们欣赏在多个领域结出硕果的成事之人，因为在内心深处，我们都期许自己独立多元、不被定义，就如海因莱因所说："只有昆虫才专业化。"难能可贵的是，他以合乎道德的方式创造财富，又用不落窠臼的箴言将秘诀公开——既给鸡汤，又给汤勺。比如：

- 没有所谓的"商业"技能。不要把时间浪费在商业杂志和商业课程上。
- 最重要的是，要在重大决定上花更多时间。人生早期有三个重大决定：在哪里生活，和谁在一起，从事什么职业。
- 阅读数学、科学和哲学领域的经典作品。不要读畅销书，不要看新闻。避免加入任何所谓的"读书俱乐部"，避免追求任何的社群认同。把真理置于社群认同之上。

他说，发推特是整理思考的方式，它就像钩子一样，挂住灵感并把人导向更深入的思考。

阅读纳瓦尔的文字，就如经历一场精神上的瑜伽。你能时常在他富于节奏感的文字间隙，引入某个反直觉的思考角度，在一番修性吐纳之后，思绪更趋宁静。

纳瓦尔博览群书。他将自己所有物质上的成功和他可能拥有的任何智慧，都归于他的大量阅读。他很少将一本书从头到尾读完，而是喜欢在书里跳来跳去，搜寻自己感兴趣的段落。一旦对一本书

序

亲爱的读者：

写下这些文字的时候，感觉有点儿奇怪，因为我多年前就已下定决心不给别人的书作序了。

这次之所以破例，原因有三。第一，本书的电子版会免费提供给全球各地的读者，没有任何附加条件。第二，我与纳瓦尔相识十几年，早就希望有人能编写这样一本书。第三，给纳瓦尔作序，可以增加他给下一个孩子取名为"蒂姆"的可能性（如果他想用"蒂姆博"，我也可以接受）。

在我认识的人当中，纳瓦尔的智慧和勇气都是出类拔萃的。他的智慧和勇气不是"不假思索地一往无前"，而是"三思后行，谋定而动"。他很少随大溜，而是一直保持特立独行的生活节奏、生活方式、家庭关系和创业路径，他的人生成就源于他有意识地选择独树一帜。

纳瓦尔说话做事不绕弯子，有时会直言不讳，但这也正是我喜爱和尊重他的原因之一：他的想法永远不用别人去猜。他对我、对别人、对某种情况有什么看法和感受，无须揣度。在当今这个很多人口是心非、让人模棱两可的世界里，纳瓦尔直来直去的风格让人感受到一种巨大的解脱。

我们时常一起吃饭，一起做生意，一起在全球旅行。我自认为洞察各类人物，对纳瓦尔更是了解甚深。他是我最常打电话寻求建议的人，我也观察过他长年在各种情境下的表现，无论是顺境还是逆境，经济衰退还是经济繁荣等所有你能想到的低谷和巅峰时期。

没错，他是 AngelList 创投公司的首席执行官和联合创始人。没错，他曾经与人联合创立了分类广告平台 Vast.com 和大众消费点评网站 Epinions（Epinions 后来被 Shopping.com 收购，成功上市）。没错，他是一位天使投资人，在许多投资项目上大获成功，包括推特、优步、企业内部通信平台 Yammer 和免费域名解析服务提供商 OpenDNS 等等。

纳瓦尔的创业和投资经历由此可见一斑。这说明他是世界顶级的经营专家，而不是纸上谈兵的哲学家。

但我之所以十分重视他的观点、格言和思想，并不是因为他在商业领域的成功。世界上有太多的"成功人士"表面光鲜亮丽，个人生活却一塌糊涂，更无幸福可言。要谨慎效仿这些人的成功之道，不要好的坏的照单全收。

我看重纳瓦尔，是因为他：

· 对近乎一切都持怀疑态度；

· 从第一性原理出发进行思考；

· 可以对人对事进行有效测试；

· 从不自我欺骗；

· 不时调整自己的观点和看法；

· 经常开怀大笑；

· 有大局观；

· 眼光长远；

· 不把自己太当回事。

最后一点非常重要。

纳瓦尔脑海中的想法像一杯五彩纷呈的鸡尾酒，读者可以通过本书一品为快。

所以，请认真阅读体味，但不要机械模仿、简单照搬。可以遵循他的建议，但要在自己的生活中亲身体验，对建议进行压力测试，看看这些建议是否有用。可以深入思考他的观点，但不要将其视为真理。纳瓦尔希望别人挑战他的观点，只要挑战者有理有据。

我的生活因纳瓦尔的存在而变得更好。只要你能把这本书当成一个友善亲切又能力出众的陪练员，它就有可能改变你的生活。

以开放的心态拥抱纳瓦尔的智慧吧。

蒂姆·费里斯[①]
得克萨斯州奥斯汀市

---

① 畅销书作者，著有《每周工作 4 小时》《巨人的工具》《巨人的方法》。——编者注

埃里克的笔记（关于这本书）

纳瓦尔在整个职业生涯中一直在慷慨地分享自己的智慧。全球数百万人遵循他的建议，积累财富，幸福生活。

在硅谷乃至全球创投圈，纳瓦尔都是一位标杆式的人物。他打造了一家又一家成功的公司（在 2000 年互联网泡沫破裂期间创立了 Epinions，在 2010 年创立 AngelList）。纳瓦尔还是一位天使投资人，在优步、推特、众包物流平台 Postmates 等数百家公司创立之初，就投资押注了这些公司。

纳瓦尔不仅取得了财务上的成功，还乐于分享自己的人生哲学和幸福之道，吸引了来自全球的读者和听众。纳瓦尔之所以广受追捧，是因为他不仅事业成功，而且生活幸福——这种组合是极为罕见的。他一生都在研究和应用哲学、经济学和财富创造学，也用事实证明了自己的原则产生的影响。

直至今日，纳瓦尔依然保持着自己在创投领域的艺术风格，以一种近乎随性的方式创业和投资。与此同时，他身体健康，内心宁静，过着平和美好的生活。这本书收集整理了他分享的智慧片段，向读者展示了如何实现与纳瓦尔一样的成就。

纳瓦尔是一位善于自省的创始人，一位自学成才的投资者，一名工程师，他的人生经历颇具启示性和教育意义。

纳瓦尔思考问题总是从第一性原理出发，不惮说出自己的真实想法。他的思想往往新颖独到、发人深省。他能透过生活的表象看到本质，这种能力也改变了我看待世界的方式。

我从纳瓦尔身上学到了很多。我通过文字和音频学习了他的财富和幸福原则，并在自己的生活中加以应用，在人生旅途中获得了平静和信心，也学会了享受人生旅途的每一刻。我认真研究了他的职业生涯，看到了积跬步至千里的恒心和毅力，学到了坚持不懈方能成就伟大事业的行事方式，认识到个体也可以产生巨大的影响力。

我经常参详他的观点，也经常把他的观点推荐给自己的朋友。跟朋友的对话给我带来启发，我决定打造这样一本书，帮助熟知纳瓦尔的人和新晋读者学习他的观点。

这本书收集了纳瓦尔过去10年通过推特、博客和播客分享的智慧，保留了他的原话。有了书，你便可以在几个小时内学到受益终身的思想。

我创作这本书的目的是服务大众。推特、播客和采访很快就会被新信息覆盖，被时间遗忘，而纳瓦尔有价值的思想值得用一种更持久、更易于获取的形式留存下来。这是我编写这本书的使命。

我希望这本书可以作为对纳瓦尔思想的介绍。我收集了他最有力、最有用的思想，保留了他的原话，按照逻辑顺序串联起来，组成章节，以便读者参阅。

在做投资之前，我总会回顾这本书里关于投资的内容；每当心情低落时，我就会阅读关于幸福的章节。这本书的创作过程也改变了我。在生活的各个方面，我都感到更清醒、更自信、更平和了。我希望这本书也能给你带来同样的启迪和效果。

这本书提供了特定主题的阅读和查询指南，读者可以自行选择主题，阅读相关篇章。如果纳瓦尔没有回复你的邮件，我希望这本书成为你的第二选择，为你提供有用的建议。

这本书是对纳瓦尔的介绍，包含了他探索最深入的两个主题：财富和幸福。如果你想继续探索纳瓦尔和他的其他思想，请查看本书末尾"进一步了解纳瓦尔"部分。在这一部分，我分享了最终版删减的章节以及其他一些热门资源。

一切祝好。

埃里克

纳瓦尔·拉维坎特经历表

- 1974 年，出生于印度德里
- 1983 年，9 岁，从印度新德里搬到美国纽约皇后区
- 1988 年，14 岁，就读于史岱文森高中
- 1995 年，21 岁，从达特茅斯大学毕业（学习计算机科学和经济学）
- 1999 年，25 岁，成为 Epinions 创始人 / 首席执行官
- 2001 年，27 岁，成为风投机构 August Capital 创业合伙人
- 2003 年，29 岁，成为分类广告平台 Vast.com 创始人
- 2005 年，31 岁，在硅谷被称为"放射性泥浆"
- 2007 年，33 岁，创立小型风险投资基金 Hit Forge，最初设想是用作孵化器
- 2007 年，33 岁，创立 VentureHacks 博客
- 2010 年，36 岁，创立 AngelList
- 2010 年，36 岁，投资优步
- 2012 年，38 岁，游说国会通过《就业法案》
- 2018 年，44 岁，获评"年度天使投资人"

纳瓦尔亲述

背景

我在单亲家庭长大，母亲既要工作，又要读书，还要抚养我和哥哥。我们从小就把家门钥匙挂在脖子上，学着照顾自己。困难当然是有的，但每个人都会遇到困难。困难在很多方面有助于我成长。

我们家是一个贫穷的移民家庭。在印度时，父亲是一名药剂师。来到美国后，他的学位不被认可，只能在五金店工作。所以，我的成长环境并不好，没有受过良好的教育。父母后来也分开了。[47]

条件虽然艰苦，但是母亲给了我们无条件的爱，毫无保留，始终不渝。在一无所有的人生中，如果至少还有一个人无条件地爱着你，你的自尊心就会得到极大的保护。[8]

我们在纽约居住的社区不太安全。图书馆基本上就是我的课外活动中心。放学后，我会直接去图书馆，待到闭馆，然后回家。这就是我的日常生活。[8]

刚搬到美国时，我年纪还小，也没什么朋友，所以不是很自信。我大部分时间都在读书。我唯一真正的朋友就是书。书的确是人类的好朋友，因为过去几千年最优秀的思想家都是以书为媒，与你分享他们的超凡智慧的。[8]

我的第一份工作是在一家非法经营的餐饮公司上班。当时我15岁，坐在一辆货车的后座，到处运送印度食物。甚至在更小的时候，我就送过报纸，在餐厅洗过盘子。

在纽约，我完全是个无名小卒，家庭也无足轻重，当时的人生模式就是"讨生活的移民"。后来，我考上了史岱文森高中，人生从此得以改写。因为在拿到史岱文森高中毕业证后，我考进了一所常春藤盟校，并由此进入科技行业。史岱文森高中就像一台智能抽奖机，当场开奖，从蓝领到白领，只需要一步。[73]

我在达特茅斯学院读了经济学和计算机科学，一度以为自己会成为经济学博士。[8]

如今，我是一名投资人，投资了约两百家公司。给一些公司做顾问，在一些公司担任董事。我也是一个加密货币基金的小合伙人，因为我非常看好加密货币的潜力。我一直在探索新想法，也一直在搞各种各样的副业。[4]

当然，除此之外，我还是 AngelList 的创始人兼董事长。[4]

我出身寒门，一度困顿迷茫，而现在的我经济上宽裕，精神上幸福。我为达到这两个目标付出了很多努力。

我学到了一些经验和教训，总结了一些原则。我试着把自己的思考结集成文，希望对你有所启发。因为说到底，我什么也教不了。我只能给你带来些许启发，或者还有几个你能记住的"金句"。[77]

> 这里是纳瓦尔，在推特上现场直播（掌声响起）
>
> 2007 年 5 月 18 日

PART ONE
WEALTH

第一部分

财 富

如何不靠运气致富。

第一章
积累财富

> 赚钱不是一件想做就能做的事情，而是一门需要学习的技能。

认识财富创造的原理

假设有一天，我创业失败，身无分文，这时把我随意丢到任何一个说英语的国家的街道上，我相信自己会在 5 年或 10 年内重新变得富有，因为我已经掌握了"赚钱"这门技巧，而这门技巧人人都能学会。[78]

赚钱跟工作的努力程度没什么必然联系。即使每周在餐厅拼命工作 80 个小时，也不可能发财。要想获得财富，你就必须知道做什么、和谁一起做、什么时候做。与埋头苦干相比，更重要的是理解和思考。当然，努力非常重要，不能吝啬自己的努力，但必须选择正确的方式。

如果还不知道自己应该做什么，那么你先要弄清楚这个问题。

在这之前，不要盲目发力。

十三四岁时，我就给自己列出一系列原则，详见下面的推特风暴。30 年来，我一直谨记这些原则，也在生活和工作中践行这些原则。随着时间的推移，我发现自己愈加擅长观察企业，并从中找到最能创造财富的杠杆支点，然后抓住这部分财富（这种特长说不上是可悲还是幸运）。

下面推特风暴的内容，其中的推文广为流传，当然，每条都可以衍生出一个小时的谈话内容。这条推特风暴是一个很好的起点。我在其中写下了我所有的理念和原则，力求信息密集、简洁有力、影响广泛、历久弥新。如果你能吸收这些理念和原则，以此为指引，奋斗 10 年，你就一定能够得偿所愿。[77]

如何致富（不靠运气）：

∨

追求财富，而不是金钱或地位。财富是指在你睡觉时仍能为你赚钱的资产。金钱是我们转换时间和财富的方式。地位是你在社会等级体系中所处的位置。

∨

创造财富和坚持道德标准是可以兼得的。如果你内心鄙视财富，财富就会对你避而远之。

∨

无视一味追求社会地位的人。他们获得地位的手段就是攻击创造财富的人。

∨

依靠出租时间是不可能致富的。你必须拥有股权（企业的部分
所有权），才能实现财务自由。

∨

获得财富的一个途径，就是为社会提供其有需求但无从获得的
东西，并实现规模化。

∨

选择一个有长期发展前景的行业，找到可以长期合作的人。

∨

互联网极大地拓展了职业空间，但大多数人还没有清晰地认识
到这一点。

∨

培养迭代思维。生活中所有的回报，无论是财富、人际关系，
还是知识，都来自复利。

∨

选择聪明过人、精力充沛的商业伙伴，但更重要的是，他们要
正直诚信。

∨

不要跟愤世嫉俗和消极悲观的人合作。他们的预言会自我
实现。

∨

学会销售，学会构建，两技傍身，势不可当。

∨

用专长、责任感和杠杆效应武装自己。

∨

专长指的是无法通过培训获得的知识。如果社会可以培训你，那么社会也可以培训他人来取代你。

∨

要想有所专长，就要追求真正的兴趣和热爱，而不是盲目追逐热点。

∨

累积专长的过程，对你而言就像玩耍，对他人来说则很吃力。

∨

专长的传授需要通过师傅带徒弟的方式完成，而无法通过学校教育完成。

∨

专长往往具有高度的技术性或创造性，不能被外包或自动化。

∨

培养责任感，勇于以个人名义承担商业风险。社会将根据责任大小、股权多少和杠杆效应回报你。

∨

"给我一根足够长的杠杆和一个支点，我就能撬动地球。"——阿基米德

∨

要想获得财富，就必须充分利用杠杆效应。商业杠杆来自资本、劳动力和复制边际成本为零的产品（代码和媒体）。

∨

资本是指金钱。要想获得融资，需要运用自己的专长和责任感，并表现出良好的判断力。

∨

劳动力杠杆就是让别人为你工作。这是最古老、争夺最激烈的一种杠杆。拥有劳动力杠杆会让你的父母觉得你很了不起，但不要过度追逐劳动力杠杆。

∨

资本和劳动力是需要获得许可才能使用的杠杆。人人都在追逐资本，但得有人愿意出资。人人都想领导他人，但得有人愿意追随。

∨

代码和媒体是不需要许可就能使用的杠杆。这两个杠杆是新富阶层背后的杠杆。你可以创建软件和媒体，让它们在你睡觉时为你工作。

∨

有一大批机器人可供我们免费使用。为了提高热效率、节约空间，这些机器人就集中放在数据中心。用起来吧。

∨

如果不会写代码，那就出书、写博客、做视频、录播客。

∨

杠杆是判断力的倍增器。

∨

判断力从经验中来，但可以通过学习基本技能快速建立起来。

∨

没有所谓的"商业"技能。不要把时间浪费在商业杂志和商业课程上。

∨

学习微观经济学、博弈论、心理学、说服术、伦理学、数学和计算机。

∨

读比听快，做比看快。

∨

你应该忙得没时间社交，但依然把日程安排得井然有序。

∨

设定一个大胆的个人时薪，并严格执行。如果解决一个问题节省的成本低于时薪，那就忽略问题；如果外包一项任务的成本低于时薪，那就选择外包。

∨

工作时要拼尽全力，毫无保留。不过，共事的人和工作的内容比努力程度更重要。

∨

在自己选择的职业领域里做到全球顶尖。不断重新定义自己的事业，直到理想成为现实。

∨

世界上没有快速致富的教程。即使有，那也只是提供教程的人想从你身上赚钱。

∨

运用专长，发挥杠杆效应，最终你会得到自己应得的。

∨

当你终于变得富有时，你会意识到，这并不是你最初的追求。但这是后话，此处暂且不提。[11]

总结：把自己产品化。

"把自己产品化"是什么意思？

这句话有两个重点，一个是"自己"，一个是"产品化"。"自己"具有独特性，"产品化"是发挥杠杆效应；"自己"具有责任感，"产品化"需要专长。"自己"其实也具有专长。因此，这两个重点就可以概括上述所有的理念。

如果想要实现致富的长期目标，你就应该问问自己："这是我真正想要的东西吗？我的规划目标是我真正想要的吗？"得到肯定的答案后，再问问自己："我实现产品化了吗？我实现规模化了吗？我选择规模化的方式是劳动力、资本，还是代码或媒体？"由此可见，"把自己产品化"这个阐述方便简单，便于记忆。[78]

"把自己产品化"很难。所以我才说"把自己产品化"要花几十年——并不是要花几十年执行，而是要把大部分时间用于思考：我能提供什么独特的价值？[10]

财富和金钱的区别是什么？

金钱是我们转移财富的方式。金钱是社会的信用符号，具有调用别人时间的能力。

如果我做好了本职工作，为社会创造了价值，社会就会对我说："谢谢你，因为你在过去所做的工作，我们在未来欠你一些东西。这是一张欠条，我们可以把这个叫作钱。"[78]

你真正想要的其实是财富。财富就是在你睡觉时也可以帮你赚钱的资产。财富是可以进行生产的工厂和机器人。财富是不分昼夜为客户服务的计算机程序。财富也可以是银行里被投资于其他资产或业务的钱。

甚至房子也可以成为一种财富，因为房子可以出租，带来租金收益。但与从事商业活动相比，这种土地利用方式的生产效益较低。

所以，我对财富的定义是在睡觉时也能带来收入的企业和资产。[78]

> 技术让消费变得更大众化，也让生产变得更集中。在某个领域做到全球顶尖的人，现在可以为世界上任何人提供自己的产品或服务。

要想在社会上赚到钱，就要为社会提供其有需求但无从获得的东西。如果社会已经创造出需要的产品和服务，你也就不被需要了。

你家里、工作场所和大街上的几乎所有东西都曾是科技产品。曾几何时，石油这种科技产品让洛克菲勒变得富有，汽车这种科技产品让亨利·福特积累起财富。

因此，正如艾伦·凯所说，科技就是一套尚未完全发挥作用的东西（更正，是丹尼尔·希利斯所说）。某种东西一旦得到广泛应用，它就不再是科技了。社会总是需要新事物。如果想变得富有，你就要弄清楚你能为社会提供哪些其有需求但无从获得的东西，而提供这些东西对你来说又是轻松自然的事情，在你的技术和能力范围内。

下一步是思考如何规模化，因为只提供一个产品或一项服务是远远不够的，必须提供成千上万个，甚至几十万、几百万、几十亿个，最好人手一个。史蒂夫·乔布斯（当然还有他的团队）发现社会需要智能手机。他们设想的是一台可以装在口袋里随身携带的小型计算机，拥有电话的所有功能，甚至比电话的功能还强大 100 倍，使用起来也非常简单。然后，他们研究出了如何制造这样一部智能手机，以及如何实现规模化生产。[78]

在自己的领域做到全球顶尖。

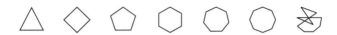

不断重新定义自己的事业，直到理想成为现实。

找到天赋所在，积累专长

销售技能是一种专长。

有些人"天生"就是做销售的料儿。在创业公司和风投领域这种人很常见。天生的销售高手会让人眼前一亮。他们非常擅长自己的工作。也就是说，他们具备这方面的专长。

他们的销售技能显然也是习得的，但一定不是在课堂上学到的。他们可能在学校操场上学会了如何推销，可能是在跟父母的沟通中学会了讨价还价，也可能有一些遗传基因在里面。

销售技能是可以得到提升的，可以读读罗伯特·西奥迪尼的书、参加销售培训班、挨家挨户上门推销等等。上门推销是对心理素质的巨大挑战，但确实可以快速提高销售技能。

专长无法被教授，但可以被学习。

想要找准适合自己的专长，可以回想一下在孩提时代或青少年时期，有哪些事情是你几乎不费吹灰之力就可以完成的。有时候，即使你自己不觉得那是一门技能，身边的人也会留意到。你的母亲或者你成长过程中最好的朋友会知道你有什么特别之处。

关于个人天赋和专长，举例如下：

· 销售技巧。

· 音乐天赋：学习任何乐器都不费力。

· 专注力强：容易沉浸在一个事物中，并很快记住相关知识点。

· 热爱科幻：喜欢读科幻小说，吸收新知识的能力特别强。

· 擅长游戏：对博弈论了解得透彻深刻。

· 喜欢八卦：深入挖掘朋友的社交网络，将来可能成为有所建树的记者。

在基因、成长环境和个人对环境的回应的共同作用下，每个人都形成了自己独一无二的专长。专长是一个人个性和身份的有机组成部分。一旦找到自己天生喜欢和擅长的领域，你就可以朝着这个方向持续前进。

在"成为自己"这件事情上，没有人能比得过你。

> 其实，人生大部分时间都是在寻找，寻找那些最需要你的人，寻找那些最需要你的事情。

以我为例，我喜欢阅读，也喜欢科技。我学得很快，但非常容易喜新厌旧。如果我的工作是对一个问题研究 20 年，那么我肯定做不好。我现在的职业是风险投资。要做好风投，就需要迅速跟上新科技的发展速度（由于新科技层出不穷，我"喜新厌旧"的个性反而是件好事），所以做风投与我的专长和技能相当契合。[10]

我本来立志成为一名科学家。我心中的道德层级也源于此。我认为，科学家处于人类生产链的顶端。科学家实现了真正的突破，取得了切实的成果，为人类社会做出了巨大的贡献。科学家对人类社会的贡献应该超过了其他任何一类人群。这并不是说艺术、政治、工程或商业不重要，但是如果没有科学，我们就会过着茹毛饮血、刀耕火种的原始生活。

> 社会、商业和金钱是技术的下游产物，而技术本身又是科学的下游产物。应用科学是推动人类社会发展的引擎。
> 由此得出的推论是，应用科学家是世界上最有权威的人。这一点在未来几年会更加突出。

最初，我的整个价值体系是围绕科学家建立的，我梦想成为一名伟大的科学家。但是我独一无二的长处是什么？我最终把时间花在了哪里？回顾过去，我发现我做得更多的都是围绕着赚钱，与技术打交道，与人打交道，推销产品，谈经论道，兜售理念。

我拥有一定的销售技能，这是一种专长。我拥有一定的分析技巧，会研究如何赚钱。我痴迷于数据，擅长搜集数据，尤其擅长拆解数据。我也喜欢研究科技。所有这些对我来说就像玩耍一样轻松有趣，但对别人来说却需要付出努力。

有些人觉得销售很难，想知道怎样才能做到口齿伶俐、善于推销。事实上，如果你在现阶段仍不擅长做销售，或者对销售确实没什么兴趣，那么销售这个行业也许并不适合你，你还是要专注于自己真正喜欢的事情。

第一个明确指出我天赋的人是我母亲。十五六岁的时候，我在跟朋友聊天时说自己想成为一名天体物理学家。母亲在厨房听到后插了一句："不会的，你会去做生意。"我当时心里想："什么？妈妈说我会做生意？我要成为一名天体物理学家。妈妈是不是不知道自己在说什么？"事实上，母亲确实知道自己在说什么。[78]

要积累和发展专长，就要发挥自己的天赋，研究自己真正好奇的东西，追寻自己的热情所在，而不是选择一个当下的热门专业，然后在毕业后进入投资者宣称的热门行业。

通常情况下，专长属于知识领域的边缘地带。有些领域尚处于发轫或发展阶段，有些领域研究难度很大，这些领域更容易产生专长。如果你在研究的时候不是百分之百投入，其他百分之百投入的人就会超过你。他们的表现会比你好不是一点儿，而是很多，因为我们讨论的是创意领域的竞争。在创意领域，复利效应非常明显，杠杆效应也非常明显。[78]

> 互联网极大地拓宽了职业空间。大多数人还没有清晰地认识到这一点。

通过互联网，每个人都可以找到自己的受众。只要在网上进行独特的自我表达，你就有机会传播快乐，累积财富，打造产品，创立企业。[78]

有了互联网，只要你在自己的领域做到最好，只要你能规模化你所提供的特别内容，那么就算你的兴趣很小众，你也能有所发展。令人欣慰的是，每个人都是独一无二的，因此，每个人在某些方面都能做到最好——在成为自己这个方面，没人能比你做得更好。

有一条推文我没有放入"如何致富"的推文风暴里，但值得一读。这条推文的内容非常简单："只有独辟蹊径，才能避开竞争。"从本质上看，竞争就是模仿，与他人竞争，是因为你跟别人在做一样的事情。但是，每个人都是独一无二的，不要模仿他人。[78]

如果你打造和推介的内容是自我的衍生，那就没有人可以与你竞争。谁又能跟乔·罗根或史考特·亚当斯竞争呢？这是不可能的事。有谁能比史考特·亚当斯画出更好的《呆伯特》漫画吗？没有。有谁能比比尔·沃特森创作出更好的《凯文的幻虎世界》漫画吗？没有。这是因为原创作品都是独一无二、无可比拟的存在。[78]

最好的工作与委任或学位无关。最好的工作是终身学习者在自由市场中的创造性表达。

致富最重要的技能是成为终身学习者，无论想学什么，你都得找到途径和方法。以前的赚钱模式是读 4 年大学，拿到学位，在某个专业领域干上 30 年。现在不一样了，时代的发展日新月异，必须在 9 个月内掌握一门新专业，而这门专业在 4 年后就过时了。但在专业存在的这 3 年里，你可以变得非常富有。

如今，在 9 到 12 个月内成为一个全新领域的专家比在很久以前选择了"正确的"专业要重要得多。只有掌握好基础知识，才能不忌惮任何书籍。如果在图书馆读到一本自己无法理解的书，那么你先要了解读懂这本书需要哪些基础知识，打好基础后再深入研究。基础是极为重要的。[74]

在生活中，基本的算术能力比微积分更重要。同样，能够用简单的英语词汇清楚地表达比能够写诗、词汇量丰富或者说 7 种不同的语言重要得多。

比起成为一名数字营销专家或点击优化专员，知道如何增强沟通说服力更重要。打好基础非常关键。在基础知识层面得 90 分或 100 分远胜于盲目地深入钻研。

当然，有些东西你需要深入研究，否则你只能做到"样样都通，样样稀松"，无法实现人生目标。一个人只能在一两件事上做到精通，而这一两件事通常是让你痴迷的事情。[74]

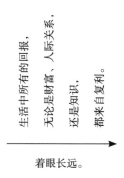

着眼长远。

生活中所有的回报，无论是财富、人际关系，还是知识，都来自复利。

投资交友，着眼长远

你曾说："生活中所有的回报，无论是财富、人际关系，还是知识，都来自复利。"如何判断自己是否获得了复利呢？

复利这个概念的内涵非常丰富。复利的概念源于资本，但不止于此。复利效应并不局限于资本领域。

商业关系中的复利效应非常重要。看看社会上的顶级角色，为什么有些人能够担任上市公司首席执行官，或者管理几十亿美元的资金？这源于别人对他们的信任。之所以能够得到信任，是因为他们打造的人际关系和事业产生了复利效应。他们以极为直观和负责的方式投入事业，向世界证明自己品行正直，高度诚信。

个人声誉方面也存在复利效应。如果一个人声誉良好，数十年如一日，不断打造和积累自己的声誉，这个人就一定会得到关注和重视。而如果一个人才华横溢，却没有利用声誉的复利效应，相比之下，注重声誉的人的价值就会高出其成千上万倍。

与人共事也是同样的道理。如果你和一个人一起工作了 5 年、10 年，依然乐在其中，那么显然你对他是信任的，即使小有缺点，也瑕不掩瑜。在商业关系中，有了彼此的信任，所有的常规谈判都可以化繁为简，因为你知道合作定能成功。

举个例子，硅谷有一位叫埃拉德·吉尔的天使投资人。我很喜欢跟他共事。

原因就是，我知道在交易过程中，他会竭尽全力为我提供额外的利益。如果交易另有好处，他一定会把好处给我。如果产生了多余的成本，他就会自掏腰包，甚至对我提都不提。因为他毫无保留地对我好，于是我几乎所有交易都会找他，尽量让他参与其中。我也会不计成本地对他好。这种互信的关系就充分体现了复利的价值。[10]

出发点并不重要，行为本身才重要。因此，遵守道德标准并非易事。

一旦找到正确的事业和一同前行的人，就要全身心投入。接下来，持续精进几十年，就能从人际关系和经济利益上获得巨大的回报。因此，复利效应非常重要。[10]

> 99% 的努力终将白费。

　　显然，没有一种努力是完全白费的，因为我们总能在努力的过程中学到一些东西。任何经历都可以成为学习的机会。举例来说，回顾求学生涯，当时写的论文、读的书、做的练习，99% 不适用于现实社会。学到的一些地理和历史知识你从未派上用场，学的一门外语你早已不再使用，一些数学知识你也早已全然忘记。

　　当然，学校的学习经历的确教会了我们一些东西。比如，你理解了努力的重要性，一些理念也潜移默化地成为你的精神动力，或者在一定程度上促使你从事当前的职业，等等。然而，至少从以目标为导向的现实社会的角度看，你在学校里付出的努力只有 1% 得到了回报。

　　再以约会为例。在遇到你的人生伴侣之前，你会跟不同的人约会。从目标层面看，这些约会纯属浪费时间（虽然从个人成长和学习体验方面看并非如此）。

　　我说这些，并不是在自作聪明地断言"生命中 99% 的时间都被浪费了，只有 1% 被用在了正确的地方"。我想说的是，你应该在经过深思熟虑后，清醒地认识到自己需要从大多数事情（人际关系、工作、学习）中找到可以尽全力去付出的那部分，以充分获取复利效应。

　　在约会过程中，如果意识到两个人不会走入婚姻殿堂，那么你也许应当尽早结束这段关系，开始下一段旅程。当学习的时候，比如学习地理或历史，如果意识到学到的知识你永远不会用，那就放弃这门课程吧。把精力用在无用的东西上是浪费时间，浪费脑力。

我不是说那 99% 的事情都不要做，因为我们很难确定剩下的 1% 到底是什么。我的意思是：努力找到不会被浪费的 1%。这 1% 对你是有意义的，值得你用余生去追求。一旦找到，你就要心无旁骛，全力以赴。[10]

出发点并不重要。

行为本身才重要。

承担责任

勇于以个人名义承担商业风险。社会将根据责任、股权和杠杆效应回报你。

获得财富需要杠杆。杠杆可以来自劳动力、资本、代码或媒体。劳动力和资本等大多数杠杆需要有给予方。要获取劳动力，必须有人追随你。要获得资本，需要有人为你提供资金、管理资产或机械设备。

因此，要得到劳动力或资本，必须建立信誉，尽可能以个人信誉做担保，而这种操作存在风险。因此，责任是把双刃剑：进展顺利，责任人会得到褒奖；一旦失败，责任人就会首当其冲。

明确的责任分配非常重要。没有责任，就没有动力。没有责任，就无法建立可信度。但责任也意味着风险：失败的风险，被羞辱的风险，以个人名誉承担失败的风险。

幸运的是，现代社会没有债务人监狱。一个人不会因为损失了别人的资金被监禁或处决。但是，作为社会性动物，我们依然认为，在大庭广众之下遭遇个人失败是无法接受的事情。实际上，那些有能力以个人名义在公众面前承担失败风险的人，会获得很大的原动力。

以我个人的经验为例。在 2013 年、2014 年之前，我的公众形象完全围绕着创业和投资。直到 2014 年、2015 年，我才开始涉猎更广泛的话题，比如哲学、心理学。因为我是在以个人名义表态，所以对这种转变略感紧张。创投界的朋友曾私下跟我说："你这是在干什么？你的职业生涯完了！这也太愚蠢了。"

但我依然如故。我赌了一把，就像在加密货币诞生初期冒险投资一样。当以个人名义公开发表看法时，你就是在为某些观点和做法承担风险。同时，你也会因此得到回报，从中获益。[78]

在过去，船长的职业要求是与船同生死、共存亡。如果船要沉了，船长就是最后下船的人。这样的责任制确实伴随着生死存亡的风险，但我们现在讨论的是商业领域。

商业风险可能体现在成为最后一个撤资人，成为最后一个获得时间报酬的人，等等。投入时间和资本都会有风险。[78]

要认识到，在现代社会，下行风险并没那么大。在良好的生态系统中，即使个人破产，债务也可以被一笔勾销。我最熟悉的是硅谷的环境，但是整体而言，只要个人诚实正直，确实付出了努力，人们就会原谅你的失败。

失败真的没有那么可怕，所以我们都应该勇于承担更多责任。[78]

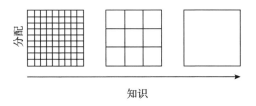

创立企业或买入股权

> 没有股权，就没有通往财务自由的路径。

为什么拥有企业股权是致富的关键所在？

我们需要了解获得权益回报和赚取薪资报酬的区别。如果你是通过出租时间来换取报酬的，即使从事律师和医生等高薪职业，你能够获得的报酬也非常有限，不足以让你实现财务自由。而如果拥有企业股权，你就可以获得被动收入——即使你在度假，企业也在帮你赚钱。[10]

这应该是有关财务自由最核心的一点。大家似乎认为可以通过工作创造财富，但事实可能并非如此。其中的原因有很多。

如果不持有企业股权，个人投入和收益的关联性就会非常强。几乎所有领取月薪的工作，即便是律师或医生这样的高薪职业，也需要投入时间才能获得相应的收入。

如果不持有企业股权，睡觉的时候没有收入，退休以后没有收入，度假期间也没有收入。总之，收入是相对固定的，根本无法实现实质性突破。

有些医生的确实现了财务自由，那也是因为他们自己开了公司。他们设立私人诊所，打造品牌，以品牌吸引客户，也有些医生通过生产医疗设备、发明某种程序或流程等获得了知识产权收益。

从本质上看，上班就是给人打工。而企业所有者在承担风险和责任的同时也拥有知识产权和品牌效应。所以，他们支付给你的报酬一定低于你创造的价值。为了让你工作，他们会给你提供最低限度的报酬。这个最低限度的报酬可能很高，但依然不是真正的财富，因为你退休后，这份收入将难以为继。[78]

拥有企业股权意味着可以获得企业发展的收益。拥有一家公司的债券也是一项有保障的收入来源，但同时也承担了公司经营不善的下行风险。所以，要持有股权，如果没有企业股权，赚钱的机会就会非常渺茫。

所以，要努力工作，直到有能力拥有企业股权。你可以买入企业的股票，成为小股东，也可以创办一家属于自己的企业。总而言之，要想方设法拥有企业的所有权，这一点真的非常重要。[10]

最终真正能赚大钱的人都拥有产品和企业的所有权，或者拥有知识产权。如果在科技公司工作，那么你可以先持有股票期权。这是一个不错的起点。

但通常情况下，真正的财富是通过创建公司或者通过投资创造出来的。投资公司也是买入企业的股权。这些都是获得财富的途径。总之，真正的财务自由都不是靠单纯地投入大量时间来实现的。[78]

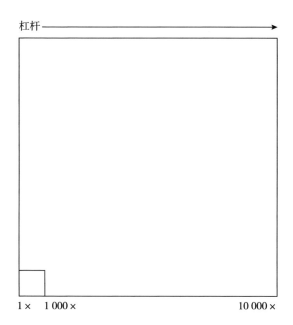

找到杠杆

在现在这个时代，杠杆无处不在，真正的求知欲所带来的高经济回报前所未有。[11] 想要打造良好的职业基础，就要追随自己真正的求知欲上下求索，而不是盲目跟风眼下赚钱的热门行业。[11]

有意思的是，正是在独特的热爱和爱好的驱动下，我们才得以掌握只有自己或一小部分人才知道的知识。如果能够把求知欲和兴趣爱好结合、相融，我们就更有可能找到自己的所爱。[1]

> 如果一件事物一开始让你兴致盎然，后来又让你觉得索然无味，那么它只是暂时分散了你的注意力，并不是你心智上真正的好奇所在。请继续寻找。

无论做什么事情，我都以事情本身为目标。这也是艺术创作的一个鲜明特征。无论是创业、健身还是恋爱、交友，我始终都认为生命的意义在于专注于事情本身，体验过程，享受当下。神奇的是，当专注于事情本身时，你反而能做得更好。即使是赚钱，你也能成为赚得最多的那个。

我为自己创造财富最多的一年，实际上是工作最不努力、对未来最不关心的那一年。我做的大部分事情纯粹是为了好玩儿。我等于在昭告身边的人："我退休了，不再工作了。"这样一来，我能把时间花在自己认为最有价值的项目上。由于只关心过程，我反而取得了最好的结果。[74]

对一件事情的欲望越小，顾虑就越少，执念就越少，反而越会顺其自然，遵循内心。你会以自己擅长的方式，始终不渝地做下去，工作质量也会因此提高。[1]

不要追逐所谓的"热门"，而要追求自己真正感兴趣的事情。如果在追随好奇心和求知欲的过程中又满足了社会需求，你就能得到优厚的经济回报。[3]

同时，你更有可能获得这个社会还不能通过培训提供的技能。如果社会可以培训他人，这些人就可以取代你。如果你可以被轻易取代，社会就不需要为你支付重酬。要时刻牢记，掌握社会所需的独门绝技才是占据职业制高点的不二法门。[1]

> 如果社会可以培训你，那么总有一天，社会也可以编写代码，用计算机取代你。

要得到经济回报，你就需要提供社会有其需求但无从获得的东西。很多人认为，在学校里可以学到怎么赚钱，实则不然，学校教不会"经商"这个技能。[1]

认真想一想，社会上还有哪些尚未得到满足的需求，而你怎样才能成为第一个提供相关产品或服务的人，并将其规模化。这才是赚钱真正的挑战。

> 关键在于，准确把握并满足社会所需。每一代人所需的产品或服务都不一样，但绝大多数都与科技相关。

当新的需求乍现，而你恰好又是唯一具备相关技能组合的人时，大显身手的时刻就到了。这期间，你可以通过免费提供产品或服务在推特、YouTube（视频网站）上建立自己的品牌。在这个过程中，你可能会承担一定的风险和损失，但是你为自己打造了个人品牌，赢得了声誉。当机会到来时，你就能最大限度地利用杠杆效应，扩大自己提供的产品或服务的规模。[1]

总体而言，杠杆有三种。

第一种是劳动力杠杆，也就是让别人给你打工。劳动力杠杆是一种最古老的杠杆，但在现代社会，这种杠杆的效果并不是最好的。[1]我甚至认为这是一种最落后的杠杆。因为管理他人是一件非常复杂、极具挑战的工作，需要高超的领导技巧，弄不好管理者会落个众叛亲离、被手下生吞活剥的下场。[78]

资本是第二种相对较好的杠杆形式。 资本杠杆就是用钱来扩大决策的影响力。[1]资本是一种更现代的杠杆形式，利用资本杠杆有一定的难度，需要一定的技能。在 20 世纪，人们曾经利用资本杠杆获得了惊人的财富。资本杠杆是 20 世纪杠杆的主要形式。

遍览最富有的人群，你就会发现，最有钱的人是银行家，是腐败国家的政客，他们本质上都是可以动用大量资金的人。再看看大型公司的高层，除了科技公司，绝大多数老牌大型公司的首席执行官其实都在做财务工作。

资本杠杆的放大效应非常明显。管理资本要比管理人更容易，因为随着资本的不断增长，其管理难度会远远低于管理不断扩张的团队。

最后一种杠杆是最新出现的，也是普通人最触手可及的。这种杠杆就是"**复制边际成本为零的产品**"。

其中包括书籍、媒体、电影、代码。在所有不需要他人许可就能使用的杠杆中，代码可以说是最强大的一种——只需要一台计算机就够了。[1]

> 不要再把人分为富人和穷人、白领和蓝领了。现代人的二分法是"利用了杠杆的人"和"没有利用杠杆的人"。

复制边际成本为零的产品是最值得研究的杠杆，也是最重要的杠杆。这是一种全新的杠杆形式，问世仅几百年。这种杠杆始于印刷机。广播媒体加速了其发展，而互联网和编程的出现更是使其产生了爆发式增长。不需要他人为你打工，也不需要他人给你投资，你就可以把劳动成果放大成百上千倍。

本书就是一种杠杆。在过去，如果要分享我的理念，我就得坐在讲堂里，现场讲课，最多也就讲给几百个人听。[78]

这种最新形式的杠杆创造了全新的财富，创造了所有新晋亿万富翁。对上一代人来说，财富是由资本创造的，发大财的是沃伦·巴菲特这些搞投资的人。

而新一代富翁的财富都是通过代码或媒体创造的。乔·罗根的播客每年给他带来5 000万到1亿美元的收入。还有网络主播PewDiePie（菲利克斯），我不清楚他具体赚了多少钱，但肯定比新闻报道里说的还要多。当然，还有杰夫·贝佐斯、马克·扎克伯格、拉里·佩奇、谢尔盖·布林、比尔·盖茨和史蒂夫·乔布斯等等。他们的财富都源自基于代码的杠杆。[78]

新杠杆最重要的特点之一就是，使用它们或获得成功都无须经过他人的许可。要使用劳动力杠杆，就得有人决定追随你。要使用资本杠杆，就得有人给你提供资金，你再去进行投资或开发产品。

而编程、写书、录播客、发推特、拍视频这些事情不需要经过任何人的许可。由此可见，新杠杆就像一个均衡器，极大地缩小了人与人之间的差距，让社会变得更平等。[78] 比如，每个出色的软件开发者现在都有一大群机器人在为其工作。写好代码后，这些机器人就开始工作，在开发者睡觉的时候也在为其赚钱。[78]

靠出租自己的时间是永远无法致富的。

无论处于人生的哪个阶段，努力的目标都是不断提高自己的独立性，而不是升职加薪。拥有独立性，为自己独特的产出成果负责（而不是像打工一样为投入的时间负责），这才是最理想的状态。[10]

人类在不断进化。曾几何时，人类社会是不存在杠杆的。如果我帮你砍柴打水，那 8 个小时的劳动所产出的就只是 8 个小时的成果，投入与产出是相等的。后来人类发明了杠杆，发明了资本、合作、科技、生产力等各种手段，人类社会进入杠杆时代。在这样的时代，作为一名劳动者，只有最大化地发挥杠杆效应，才能利用有限的时间和体力产生巨大的影响力。

与一个没有利用杠杆的劳动者相比，利用了杠杆的劳动者的产出会增加成千上万倍。对利用杠杆的劳动者而言，判断力的重要性远超投入时间的长短和工作的努力程度。

> 别说把编程效率提高 10 倍了，提高 1 000 倍的情况也是真实存在的，只是我们没有完全认识到这一点——看看推特上值得关注的约翰·卡马克、马库斯·佩尔松、中本聪等人就知道了。

举例来说，一位优秀的软件工程师只需要编写一小段正确的代码、创建一个正确的小程序，就能为公司创造 5 亿美元的价值。但如果有 10 位工程师，投入了 10 倍的时间和精力，却可能因为选择了错误的模型、错误的产品、错误的编程方式，或者错误的病毒营销模式而白白浪费了时间。投入与产出之间存在不匹配性，特别是对那些利用了杠杆效应的劳动者来说。

人生的一大目标应该是掌控自己的时间。理想的工作是利用杠杆效应的工作。在这种工作模式下，你可以掌控自己的时间，并能

另一个概念是销售。销售的定义同样很宽泛。销售不一定是针对个体顾客销售产品，也可以指市场营销、媒体传播、人才招聘、资金募集、员工激励、公共关系等，涉及面非常广。[78]

> **用头脑赚钱，而不是用时间赚钱。**

还是以房地产行业为例。在房地产行业，最低级的工作莫过于做房屋维修。维修师傅按老板要求，早上 8 点到客户家里开始干活，每个小时能挣 10 到 20 美元。这里不存在任何杠杆效应。维修师傅需要承担一定的责任，但并不是真正的责任，因为他只需要对老板负责，不需要对客户负责。维修师傅没有任何真正的专长，因为他干的活很多人都会干。所以，做房屋维修挣不到什么钱。出售自己的技能、出租自己的时间，得到的报酬只能比最低工资略高一点儿。

往上一层是为业主修建房子的承包商。他们承包项目的合同金额可能是 5 万美元，给工人开出的工资是每小时 15 美元，他们把中间的差额装进了自己的腰包。

做承包商显然比做维修工人更好。但怎么衡量好与不好呢？怎么知道其中的差别呢？之所以说做承包商更好，是因为承包商需要承担一定的责任。承包商需要对结果负责。如果项目进展不顺利，他们会夜不能寐。承包商请工人来干活，获得了劳动力杠杆。他们也拥有更多专长，比如如何组织团队，如何确保团队按时完成任务，如何处理与城市管理相关的法律问题，等等。

再往上一层是房地产开发商。开发商做的事情就是买入房地产，雇用承包商通过改造提高房产价值，然后出售房产，获得利润。他们最开始可能需要以贷款或向投资者募资的方式买下房地产，然后拆除重建，进行销售。工人每小时能挣 15 美元，承包商一个项目能赚 5 万美元，而开发商的收入远不止这些。他们低价买入，高价卖出，除去建筑费用，还能赚取 50 万美元甚至 100 万美元的利润。这时需要注意了：开发商需要做什么呢？他们需要做的就是承担重大责任。

开发商要承担更多的风险和责任，在拥有更大杠杆效应的同时，他们也需要拥有更多专长。他们需要了解融资方法、与城管相关的法律法规、房地产市场的走向等等，也需要判断风险是否值得承担。其工作难度比承包商要大得多。

再往上一层是房地产基金经理。房地产基金经理拥有巨大的资本杠杆。他们与许许多多开发商打交道，囤积了大量房屋。[74]

再往上一层可能是这样一个人：他想在房地产市场上发挥最大的杠杆效应，拥有最多的专长。这个人会说："我了解房地产的方方面面，从基本的房屋建设到物业和销售，再到房地产市场的运转规律和繁荣周期。我同时也了解科技行业，知道如何招募开发人员，如何编写代码，如何构建一个好产品，我也知道如何获得风投，如何取得回报，对科技和金融的运转方式了如指掌。"

但很显然，这不现实，因为没有一个人拥有这么多知识。要实现目标，可以把具备不同技能的人才聚到一起，组成团队。这样，团队成员联手就拥有了在科技和房地产领域的专长。这样一个高风险、高回报的做法意味着公司将承担巨大的责任，同时也承担了重大的风险，因为创业者会把全部时间和精力投入其中。公司会聘用大量开发人员，这是代码杠杆。被吸引来的投资和创业者初始投入的资本构成了资本杠杆。公司同时雇用了行业顶尖人才，例如优秀的工程师、设计师和营销专家等，这是劳动力杠杆。

最终的结果可能是打造出类似房地产搜索引擎 Trulia、互联网房产中介网站 Redfin 或免费房产评估网站 Zillow 这样的公司，财富创造潜力可能有数亿甚至数十亿美元。[78]

随着层级不断向上，杠杆效应愈加明显，责任愈加重大，需要的专长也越来越多。在劳动力杠杆的基础上增加资本杠杆，在劳动力杠杆和资本杠杆的基础上增加代码杠杆，通过这种方式，创业规模越来越大，也越来越接近拥有所有上行潜力，实现价值极值，而不再仅仅是领取薪水那么简单。

以领取月薪的打工者为起点，志存高远，不断提升目标，努力获得更多杠杆效应，承担更多责任，学习更多专长。将这些结合起来，再加上复利效应的神奇作用，假以时日，你就可以变得非常富有。[74]

唯一需要避免的就是身败名裂的风险。

避免身败名裂的意思就是不要锒铛入狱。所以，不要做任何违法违纪的事情，任何事都不值得拿自己的自由和声誉去冒险。要避免一败涂地的灾难性损失。避免身败名裂也意味着不要做那些可能会威胁自身安全或健康的事情。你必须照顾好自己的身体。

不要做可能会让你全盘皆输的事情。不要孤注一掷、铤而走险。相反，要把赌注押在那些胜算较大、能带来巨大利益的事情上。[78]

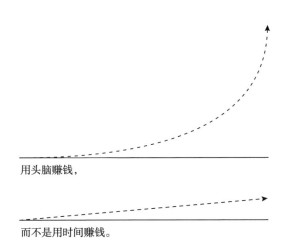

用头脑赚钱，

而不是用时间赚钱。

用判断力赚钱

要获得更多的自由时间，就要对选择的专业领域、工作性质、职业路径以及与雇主达成的交易类型做出审慎的判断。一旦做出正确的决策，你就无须担心时间管理的问题了。于我而言，我希望单纯靠判断来获得报酬，而不是靠劳作。我想让机器人、资本或计算机完成实际工作，而我只靠判断力赚钱。[1]

我认为每个人都应该立志掌握某些领域的专业知识，并以此赚取经济回报。如果能够在实际工作中最大化地利用杠杆，无论是机器人、计算机，还是其他任何人或技术，那么我们都可以成为自己时间的主人，因为没有人会考核我们在工作中投入了多少时间，我们只需要对自己的产出负责。

可以想象，对一家市值 1 000 亿美元的公司而言，如果在判断准确率为 75% 和 85% 的两个人之间选择，那么公司会愿意支付 5 000 万美元、1 亿美元，甚至 2 亿美元聘请准确率更高的人担任决策者。因为多出的 10% 的判断力对于引导企业的方向极具价值。首席执行官的报酬之所以很高，就是因为杠杆效应。在判断力和能力上，毫厘之差都会有天壤之别。[2]

在实际操作中展现出色的判断力，拥有可信可靠的判断力，这一点非常关键。巴菲特之所以被称为"股神"，是因为他的可信度极高。他对自己的业务极为负责，一次又一次在公开场合做出正确的判断。他以高度正直著称，赢得了社会的充分信任，加上他判断力出色，所以人们敢在他身上押上不计其数的筹码。没有人问他工作有多努力，没有人问他几点起床、几点睡觉。大家都说："巴菲特，你只要把业务搞好就行了。"

要具有出色的判断力——尤其是经过实操验证的判断力，以及高度的责任感和优秀的业绩记录，这几点至关重要。[78]

普通人把时间浪费在短期思考上，浪费在毫无价值的繁重工作上。而巴菲特会用一年斟酌判断，然后用一天采取行动。他一天的行动可以影响未来几十年。

　　只要在优秀的基础上稍微提高一点儿，做到卓越（比如把完成 1/4 英里 [①] 的短跑成绩提高零点几秒），经济回报就会呈数量级增加。而杠杆效应进一步放大了经济回报的差异。在杠杆时代，在自己的领域做到极致非常重要。[2]

持续迭代，终得其解。

△ □ ⬠ ⬡ ⬡ ◯

通过重复，赚取回报。

〇〇〇〇〇〇〇〇〇〇〇〇〇〇〇〇

分清主次，聚焦重点

　　一路走来，我屡受挫折。我赚到的第一桶金被我在股市瞬间赔光。第二桶金刚到手，就被生意伙伴骗走了。事不过三，第三次，我终于赚到了一点儿。

　　即使在那个阶段，我的财富累积也是不温不火，一直都需要格外努力。我从未一次性赚到一大笔钱，都是积少成多，更多是通过持续不断地创办企业、创造机会和开展投资来创造财富，而不是毕其功于一役。我的个人财富也不是在关键的一年迅速累积起来的，

---

① 　1 英里 ≈1.61 千米。——编者注

而是积水成渊：持续创造更多选择、更多业务、更多投资，探索更多在我能力范围内的事情。

互联网带来无限机遇。说实话，现在我有太多赚钱的方法，只是时间不够用。我头脑里赚钱的点子都能从耳朵里溢出来，只是没有时间去实现。有太多方法可以创造财富、打造产品、创建企业，而获得社会的经济回报只是这些方法的副产品。我只是没有那么多时间和精力把所有想法付诸实践。[78]

> 给自己的时间设定价格，用时薪计算时间价值。如果用花钱的方式节省的时间价值更高，那就花钱，不要犹豫。要想真的赚到钱，先要相信你自己很值钱。

没有人会比你更看重自己。你要做的就是给自己设定一个极高的时薪，并坚持执行。即使在我年轻的时候，我也认为自己的时间比市场的定价更值钱，并一直遵循这个思路。

在做决策时，你要把时间作为一个考虑因素。做这件事需要多长时间？假设一个东西需要花费你一小时车程才能拿到，如果你给自己设定的时薪是 100 美元，那么这一趟基本上等于花掉 100 美元，你还要亲自去拿吗？[78]

从现在开始快进，一直到未来自己财务自由的那一天，其间为自己选择一个折中的时薪。拿我来说，你肯定支付不起我现在的时薪，但即使在我年轻那会儿，10 年前，甚至 20 年前，当我还没什么钱的时候，你也雇不起我。当时，我就一遍又一遍地告诉自己，我的时薪是 5 000 美元。今天回想起来，我当时的时薪实际上是 1 000 美元左右。

当然，我也做了一些蠢事，比如跟电工吵架，要求退还坏掉的扬声器，等等。我根本不应该做这些浪费时间的事情，虽然朋友们浪费时间的次数比我多得多。我应该直接把东西扔掉或捐掉，而不是退换货；我应该找人帮我修理，而不是自己修。

不管是以前谈恋爱的时候，还是现在已经结婚了，我都会经常跟伴侣争论："我不做，这个问题不是我能解决的。"即使母亲让我做点儿小事，我也会跟她争论。很多事情我是不会亲自去做的。我宁愿花钱给她雇个人。即使是没钱的时候，我也是这样做的。[78]

要从时间成本的角度做决策，如果做某件事外包的成本低于时薪，那就外包；如果不做的损失低于时薪，那就不做；如果花钱请人的成本低于时薪，那就花钱请人。甚至做饭也是同样的道理，你可能想吃健康的家常菜，但是如果可以外包，那就外包吧。[78]

大胆地为自己设定一个很高的时薪，并坚持执行。一个理想的时薪应该高到近乎离谱的程度，如果不是这样，那就还不够高。无论你选择的时薪是多少，我都建议你进一步提高。就像我说的，即使是没钱的时候，我也有很长一段时间把 5 000 美元作为自己的时薪标准。如果换算成年薪，那就是每年几百万美元。

有意思的是，现在我觉得自己的时薪实际上超过了这个目标。我其实比较懒散，并不是工作最努力的那个人，但如果遇到自己想做的事，我就会能量爆棚，全身心投入。如果用实际投入的时间来计算收入，那么我的时薪比上面的数字要高得多。[78]

你说过："如果你内心鄙视财富创造，财富就会对你避而远之。"可以解释一下吗？

如果爱慕虚荣、事事攀比，当遇到比自己好的人时，你就会心生讨厌，甚至心怀忌恨。与别人进行商业合作，如果你对对方有任何负面的想法或评价，他们就会感受到。人类与生俱来就能感知其他人内心深处的感受。因此，做人必须摆脱攀比心态。[10]

毫不夸张地说，仇富心理会阻碍你致富，因为你没有正确的心态和精神状态，也无法在正确的层面上与人交往。保持乐观，积极向上，这种态度非常重要。从长远看，乐观主义者往往会取得更好的发展。[10]

> 在商业世界里，大多数人在玩零和游戏，少数人在玩正和游戏，他们在人群中寻找志同道合者。

这世上的游戏不外乎两种。第一种是金钱游戏。金钱不能解决所有问题，但可以解决所有和金钱有关的问题。大家都明白这一点，所以每个人都想赚钱。

但与此同时，许多人内心深处觉得自己是赚不到钱的，所以，他们不喜欢看到创造财富的故事。他们会攻击整个商业体系，宣称

"赚钱是邪恶的，不应该赚钱"。

但其实他们在玩第二种游戏，这种游戏叫地位游戏。他们之所以说"我不需要钱，我不想要钱"，是因为他们想占领高地，让别人高看一眼。地位就是一个人在社会等级中的位置。[78]

> 在人类进化史上，财富创造是近代才出现的活动，是一个正和游戏。而地位之争自古有之，是一个零和游戏。那些攻击财富创造的人往往只是为了追求地位。

地位这个零和游戏非常古老。猴子在没有进化成人的时候，就已经开始玩地位游戏了。地位游戏是讲究等级的。谁排第一？谁排第二？谁排第三？三把手要想成为二把手，二把手的位子就必须先空出来。因此，地位游戏是零和游戏。

政治游戏就是地位游戏的一种。体育竞赛也是一种地位游戏，有赢家，就必定有输家。从根本上说，我并不喜欢地位游戏。地位游戏在社会中扮演着重要角色，因为我们需要知道谁说了算。但是，从本质上说，人们之所以玩地位游戏，是因为地位游戏是社会发展的必要之恶。[78]

问题的关键在于，要想在地位游戏中获胜，就必须击败他人。这就是为什么应该避免在生活中玩地位游戏，因为这个钩心斗角、损人利己的游戏会让人变得心态失衡、易怒好斗，你会一直以贬低对手、打败他人为己任，从而让自己和自己喜欢的人上位。

地位游戏会一直存在，这是无法回避的。当你努力创造财富时，你可能会受到别人的攻击。这时，你需要意识到，大多数时候，他们是在试图牺牲你以提高自己的地位。他们玩的是另一个游戏，是一个不可取的游戏，因为它是一个零和游戏，而不是一个正和游戏。[78]

> 玩愚蠢的游戏，就只能赢得愚蠢的奖品。

对初出茅庐的年轻人来说，最重要的事情是什么？

最重要的是，要在重大决定上花更多时间。人生早期有三个重大决定：在哪里生活，和谁在一起，从事什么职业。

在开启一段亲密关系之前，我们总是很少花时间深思熟虑。我们把大量时间用于工作，却很少花时间想清楚自己应该从事什么样的工作。居住的城市几乎可以完全决定一个人的生活轨迹，但我们很少花时间认真思考哪个城市更宜居。

> 一位年轻的工程师在考虑要不要搬到旧金山，我建议他思考这个问题："你想离开你的朋友吗？你想形单影只吗？"

如果你将在一个城市生活十年，一份工作干上五年，或者跟一个人相伴十年，你就应该先花一到两年的时间认真思考再做决定。这些都是非常重大的决定，是人生的三大关键决定。

对于重要的问题，你应该放下手头所有的事情，专门拿出时间认真思考。而以上可能是人生最重要的三个问题。[1]

想要做到与成功人士为伍，你认为最重要的一件或两件事是什么？

找到自己擅长的领域，然后用自己的技能去帮助他人：提供免费的产品或服务，主动向世界传递善意。好人终有好报。只要始终如一，假以时日，付出就一定能获得相应的回报。但不要计较自己付出了多少——一旦开始计较，耐心就会被消耗殆尽。[7]

> 曾有上司告诫我："你永远发不了大财。因为你的聪明显而易见、有目共睹，所以一直会有人给你提供'刚刚好'的工作机会，让你觉得弃之可惜。"

你初次创业的决定是如何做出的？

我当时在一家名为家庭网络的科技公司上班，我跟老板、同事、朋友、身边的每个人都说："硅谷的人都在创业，看起来他们能成功。我也要开公司，我只是暂时在这里上班，其实我是个企

你对退休的定义是什么？

退休就是不再为了想象中的明天而牺牲今天。当你能活在当下，内心充盈地度过每一天时，你就达到了退休的状态。

如何达到退休状态？

第一种方法是存钱。只要存款够多，被动收入（不用动一根手指）就能满足开销。

第二种方法是把开销降为零——出家修行。

第三种方法是做自己热爱的事情，完全乐在其中，有钱没钱无所谓。所以，实现退休状态有很多种方法。

避开竞争陷阱的方法就是做独一无二的自己，找到自己能做到独步天下的事情。做到最好，只因热爱。如果你真的热爱一个事物，那就追随本心，努力找到利用它满足社会真实需求的切入点，利用杠杆效应扩大规模，以个人名义担起责任。这样，在承担风险的同时，你也将获得相应的回报，拥有自己所提供产品或服务的所有权或股权，然后持续精进。[77]

财务自由后，你赚钱的动力下降了吗？

下降了，也没下降。说"下降"了，是因为缺钱带来的绝望感已经消失，压力变小了。

说"没下降"，是因为在现阶段，创业和赚钱于我而言更像是一门"艺术"，乐趣更多了。[74]

> 无论是在商业、科学还是政治领域，青史留名的总是那些艺术家。

艺术就是创造。艺术的目的和关注点在于创作本身，是因为喜好、喜欢而创作，是为了自娱、自赏而创作。试想一下，生活中有哪些事情能像艺术创作那样只是以其本身为目的，而没有任何其他目的？我可以想到三个例子：毫无保留地爱，随心所欲地创造，无忧无虑地玩耍。对我来说，创业就是玩耍。我创业是因为创业本身很有趣，是因为我喜欢某个产品。[77]

我可以在三个月内创建一家新企业——筹集资金、组建团队、启动业务，感觉就像玩游戏一样轻松愉快。能够从无到有打造一个东西，对我来说是一件特别享受的事情，赚钱反而成了副产品。对创业这个游戏，我越来越得心应手。在这个过程中，我的动机也发生了变化。以前创业是为了实现某个目标，现在是为了把企业做到极致，使之成为精美的艺术品。有意思的是，我觉得现在反而比以前做得好多了。[74]

我决定给某个公司或项目投钱，也是因为喜欢其中的参与者。我跟他们在一起觉得很愉快，总能从他们身上学到东西，而且很喜欢他们的产品。如今，我会因产品没意思而放弃一些回报率很高的投资机会。

找到像玩耍一样的工作并不是一个非此即彼的选项，我们可以且行且思，逐步向目标靠近。

年轻的我无比渴望赚钱，只要能赚钱，我就什么都愿意做。如果那时有人问我愿不愿意做污水运输的生意，我肯定会说："好啊，我想赚钱！"万幸的是，从来没有人给过我这个机会。我很庆幸自己走上科技这条我真正喜欢的道路，这让我能够把职业和爱好结合起来，鱼和熊掌兼而得之。

我永远都在"工作"。但是，别人眼里的工作于我而言就像是玩耍。正因如此，我才确信没有人可以在我的领域与我匹敌。因为我觉得工作就是玩耍，所以我可以一天玩 16 个小时。如果有人想跟我竞争，那么他们肯定会输，因为他们不可能一周工作 7 天，每天工作 16 个小时。[77]

赚到多少钱会让你有安全感？

钱不是万恶之源。钱本身是无罪的，真正有害的是对钱的贪欲。从道德层面看，追求金钱并不是坏事，它跟人品没什么关系，但是，贪欲对人是有害的。

对钱的贪欲之所以有害，是因为欲望是个无底洞。贪念会一直占据你的心灵，让你无法自拔。热爱金钱，赚取金钱，本身无可厚非，但关键是赚的钱再多也永远不会感到满足。人之所以永远不会感到满足，是因为欲望这个开关一旦被打开，就不会在某个具体数字面前自动关停，正所谓欲壑难填。所以，不要以为赚到某个数额的钱，人自然就会满足了、停手了。

当然，对贪欲的惩罚也是与金钱相伴相生的。赚到钱的人只会想要更多，他们会变得敏感、多疑、偏执，害怕失去眼下拥有的一切。天下没有免费的午餐，每个人都要为自己的贪欲买单。

赚钱的目的是解决财务问题，满足物质需求。我认为，摆脱金钱贪念最好的办法就是，赚了钱之后不要升级自己的生活方式。赚到钱的人往往会自然而然地提高生活水准。假设你一次性赚到一大笔钱，而不是靠日积月累。此时你依然保持着原有的生活方式，还没来得及升级，你的金钱就会远远超出你的实际需求和欲望，这反而让你达到一种财务自由的状态。

还有一点对我有所裨益：我把自由看得高于一切。我说的自由是多种多样的：想做什么就做什么的自由，不想做什么就不去做的自由，不受自我情绪或外界影响的自由，等等。自由是我最珍视的价值。

从某种程度上说，金钱可以买到自由，这当然很好。但是从某种程度上说，金钱也会有损于我的自由，这一点我并不喜欢。[74]

> 任何游戏的赢家都是那些沉迷于游戏的人，即使获胜的边际效用越来越少，他们也会继续玩下去。

我必须创办一家公司才能获得成功吗？

硅谷最成功的人分为两类。第一类是做风险投资的人，因为他们非常多元化，控制着曾经是稀缺资源的东西。第二类是极为擅长识别公司发展阶段和前景的人。这些人会精准地找到下一个多宝箱或爱彼迎，在公司的产品和服务刚刚与市场需求相衔接时加入它们。这些人拥有公司扩大规模急需的背景和专业知识，也能找到合适的引荐人。

就是那些本来在谷歌，却在脸书仅有 100 个员工时加入脸书，又在在线支付服务商 Stripe 刚发展到 100 人时加入 Stripe 的人吗？

扎克伯格在刚开始扩大公司规模时完全不知所措，他给吉姆·布雷耶（风险投资家和风投公司 Accel Partners 的创始人）打电话说："我不知道该怎么做。"吉姆·布雷耶说："我认识一个非常出色的产品主管，你需要他。"这个例子说明了专业知识和引荐人的重要性。在长期风险调整的基础上进行对比，这些专业人士的经济回报往往会超过风险投资者。[30]

我在硅谷见过的最成功的人往往在职业生涯早期就实现了突破，比如被提升为副总裁、董事或首席执行官，有些人转去创业也很快就实现了良好的发展。如果年轻时没有在职务上有所突破，职业生涯后期就很难后来居上。所以，在小公司创立之初就加入是一个不错的选择，因为此时没有那么多阻碍提前晋升的硬性条件。[76]

对刚刚开启职业生涯的人来说（甚至稍晚阶段的人也一样），最重要的资源是公司能给你带来的人脉资源。要思考一下自己会跟什么样的人共事，他们将来会如何发展。[76]

如何获得运气

你为什么主张"不要靠运气发财"？

如果有 1 000 个平行宇宙，你会想在 999 个宇宙中成为有钱人。你不想因为在一些宇宙中运气好，就腰缠万贯，也不想因为在另一些宇宙中运气差，就穷困潦倒。所以，在获得财富的过程中，你要排除"运气"这个不可控因素。

但是运气好的确有利于赚钱，对吗？

就在最近，我和我的联合创始人巴巴克·尼维在推特上讨论了运气这件事。我们讨论的运气其实分为四种。

第一种运气是不期而遇的运气，一个人的好运完全源于他控制范围之外、意料之外的事情，比如获得意外之财、遇到贵人等等。

第二种运气源于坚持不懈、孜孜不倦、屡败屡战、不断尝试，是靠个人主动创造机会获得的。你释放了大量能量，使出浑身解数，移山倒海，一往无前。就好像在做科学实验，把不同的试剂混合在一起，看看能产生什么结果。因为你不懈地努力，不停地奋进，不断地释放能量、积蓄力量，所以好运找到了你。

第三种获得好运的方式就是善于发现好运。如果你在某个领域技艺娴熟、经验丰富，那么当这个领域实现了意外突破时，你就会在第一时间洞悉，这时，其他不熟悉这个领域的人会无动于衷。这就是增加对好运的敏感性，幸运会眷顾有准备的大脑。

第四种运气是最奇妙、最难得的一种，那就是打造独特的个性、独特的品牌、独特的心态，让运气找到你。

例如，假设你是世界上最好的深海潜水员。大家都知道你会去做别人都不敢尝试的深海潜水。有人碰巧在他们无法到达的海岸附近发现了一艘沉没的宝船。这个时候，他们的好运也会成为你的好运，因为他们得请你帮忙打捞，而你会因此得到报酬。

这个例子比较极端，但道理是一样的。有人纯靠运气发现了宝藏。他们过来找你挖宝，并分你一半，这就不是完全靠运气了。是你的潜质创造了自己的好运。其他人没有给自己创造机会，而你把自己放在了一个可以利用运气或者吸引运气的位置。有果必有因，为了不靠运气致富，你就需要找到确定的因果关系，而不是听天由命。[78]

获得好运的方法：

· 希望好运不期而至。

· 不停地折腾，直到撞上大运。

· 做好心理准备，对别人错过的机会保持敏感。

> · 把你所做的事情做到极致。精益求精，直到名副其实。让
> 机会自动找到你，让运气成为必然。

因果关系如此确定，所以运气就不再是运气了。所谓运气其实就是必然的结果。第四种运气总结一下就是，以某种方式塑造自己的性格，之后就由性格决定命运。

我认为，赚钱很关键的一点就是知名度和信誉度，也就是说，大家要知道你、信任你，这样人们便会通过你达成某些交易。前面举了潜水员的例子，由于你的潜水技能非常出色，知名度很高，寻宝的人会主动来找你，并分给你一些宝藏，以换取你的技能。

再进一步，如果你值得信赖，做事靠谱，诚信正直，目光长远，那么其他人在跟陌生人合作时，保险起见，他们会选择通过你来达成交易。他们会主动找到你，分给你一部分好处，仅仅因为你已经建立了诚信可靠的声誉。

巴菲特会源源不断地收到交易邀约，请他收购公司，购买认股权证，纾困银行，为他人之所不能为，而这一切都因为他的声誉。当然，他还有责任感和强大的品牌。

人品和声誉是可以自己建立的。一旦有了人品和声誉，你就会有很多机会。别人认为你是运气好，但你知道那不是运气，而是人品。[78] 我的联合创始人尼维说过："在一个长线游戏中，似乎每个人都在让彼此变得富有。而在一个短线游戏中，似乎每个人都在让自己变得富有。"

我觉得这个说法非常精准。长线游戏是正和游戏，我们在一起做蛋糕，把蛋糕越做越大。而短线游戏只是在分蛋糕。[78]

社交有多重要？

我认为商业社交纯属浪费时间。我知道有很多人和公司在推广"打造社交网络"这个概念，因为这符合他们的利益，能为他们的商业模式服务。但事实上，如果你建造的东西很有意思，那就会有更多人想要了解你。在经营业务之前先试图建立业务关系完全是在浪费时间。我的人生哲学会让人觉得更舒适："做一个创造者，创造出人们想要的有趣的东西。展示你的技能，练习你的技能，最终会有合适的人找到你。"[14]

如何确定一个人是否值得信赖？你会关注哪些信号？

如果一个人大谈特谈自己有多诚实，那么他很可能是不诚实的。这只是我学到的一个小小的警示信号。当一个人不断宣扬自己的价值观，或者自我吹嘘时，那就意味着他在掩饰什么。[4]

> 鲨鱼吃得很好，但是过着被鲨鱼包围的生活。

我的生活中有一些极为成功、极具魅力的人（每个人都想成为他们的朋友），他们也很聪明。然而，我也看到他们做了一两件对别人不太好的事情。第一次看到，我会跟他们说："我觉得你不应该这样对他。我这么说不是因为你会因此受到惩罚。我相信你这次能全身而退，但这件事最终会反噬你。"

我并不是想说"宇宙是平衡的""世上存在因果报应"这样的话，而是认为我们在内心深处都知道自己是谁。你是瞒不过自己的。你的失德会深刻影响你的心智模式，你的过往对你是清晰可见的。如果你有太多道德缺陷，你就不会尊重自己。人活在这个世界上最糟糕的结果就是没有自尊。如果连你都不爱自己，那么还有谁会爱你呢？

我认为，做人要谨慎，不要做一些让自己觉得不光彩的事情，因为这些事最终会伤害到你。第一次有人这样做，我会警告他们。当然，江山易改，本性难移。他们自然没有做出改变。这时我就会和他们保持距离。我把他们从我的生活中抹去。我脑子里有这样一句话："你越想接近我，你的价值观就必须越正确。"[4]

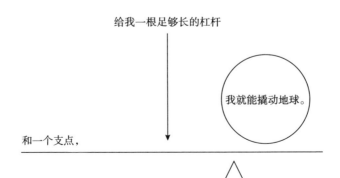

保持耐心

随着年龄和阅历的增长，我逐渐发现，只要有足够的耐心，优秀的人就会成就一番大事业（至少在硅谷的科技行业是这样的）。20年前，我的职业生涯刚刚开启。当时我遇到一些出类拔萃的年轻人，我被他们的聪明才智和敬业精神深深折服。这些人无一例外都在随后的发展中获得了巨大的成功。大凡优秀之人，假以时日，都会大放异彩。这个时间期限可能比你想象的要长，也可能与他们自己的预期不符，但是，是金子总会发光。[4]

> 运用专长，结合杠杆效应，最终，你的才华和努力会得到相应的回报。

成功需要时间。即使万事俱备——你已经把成功所需的各个要素收入囊中，需要投入的时间也具有不确定性。而如果一直在掐算时间，在成功真正到来之前，你的耐心就会被消磨殆尽。

人人都想一夜暴富，但世界的运行遵循由量变到质变的规律，大自然的法则是春播秋收，极少有事情是立竿见影的。时间的投入是必需的，所以我认为，你需要做的就是拥有专长，有责任感，有影响力，利用杠杆效应，获得独步天下的技能组合，在自己的专业领域做到首屈一指。

对自己热爱的事物孜孜不倦，乐此不疲，不断精进，日积月累。

不要去计算自己投入的时间和精力，因为一旦开始计算，你就会失去耐心。[78]

在最常见的劝诫中，我觉得最没有说服力的一个就是："你太年轻了。"自古英雄出少年，只是他们的贡献在人生的后期才得到承认。亲身实践是获得真才实学的唯一途径。要虚心求教，莫等闲，白了少年头。[3]

> 江山易改，本性难移。所谓"性格决定命运"，就是一个人不断重复自己的行为模式，好的坏的、优点缺点，最终会得到与自己的行为相对应的结果。
> 始终主动付出、不断奉献，不要斤斤计较、患得患失。

"但行好事，莫问前程"不容易，不仅不容易，而且难于上青天。"只求付出，不求回报"是人生中最难做到的一件事，但也是让人收获最大的一件事。那些从小锦衣玉食、游手好闲的人，很难找到人生的意义和价值。

人生真正的履历，其实就是一生所承受痛苦的集合。如果临终前要直面真正的自我，回顾这一生做过哪些有意义的事，那么你能想起来的一定都是你所做出的牺牲和迎接过的挑战。

你从这个世界得到的任何东西都不过是身外之物，生不带来死不带去，于你而言并不重要。一个人有健全的四肢，有聪明的大脑，这些受之于父母的东西才是真正属于你的。无论如何，我们都要迎难而上，在这个过程中创造生命的意义。其中，创造财富可以是人生的一个目标。不懈奋斗吧。当然，奋斗不易，甚至可以说难之又难，但有志者事竟成，奋斗成功的人数不胜数，我们学有榜样。[77]

在物质世界里，金钱不能给人带来快乐，不能解决人的健康问题，不能让所有家庭变得美满和睦，不能让人免受情绪波动的困扰。但金钱可以买到自由，可以解决许多外在的问题。所以，赚钱是一个合情合理的奋斗目标。[10]

赚钱能改善一个人的经济状况，可以消除一系列可能阻碍幸福的因素，但金钱本身并不能给人带来幸福。据我所知，很多超级富豪幸福感极低。大多数时候，为了赚到钱，他们必须承受极大的身心压力，毫不懈怠地努力工作，拼命保持自己的竞争力。即使这样坚持 20 年、30 年、40 年、50 年，突然有一天实现财务自由了，你也无法在短时间内调整心态。因为你已经把自己磨炼成一个极度焦虑的人。有钱后，你必须重新学习如何获得幸福。[11]

我们还是先说"致富"。对于赚钱，我一直秉持务实的态度。释迦牟尼本来是一个王子，自幼过着锦衣玉食、无忧无虑的生活，之后出家苦行修道。

在过去，要想获得内心的宁静，可以选择出家，抛妻弃子，舍弃金钱和地位，切断与尘世间的一切联系，孑然一身，独自修行。也就是说，你必须放弃一切才能获得内心的自由。

现在不一样了，因为我们有了这个叫"钱"的神奇发明，而且还能把它存放在银行账户里。一个人努力工作，为新的社会需求提供解决方案，为社会做出杰出贡献，社会就会以金钱为回报。你可以把钱存进银行，也可以量入为出，把生活水准保持在略低于收入的水平上。这样，即使身处俗世，你也可以拥有一定的自由。

金钱可以赋予你追求内心平静和幸福的时间和精力。我觉得，让每个人都开心的方法就是满足他们的欲望。

让每个人都富裕起来吧。

让每个人都健健康康吧。

让每个人都快快乐乐吧。[77]

> 我很惊讶许多人竟然把财富和智慧混为一谈。

第二章
增强判断力

真正聪明的人，从不走捷径。

判断力

在人的一生中，如果想赚尽可能多的钱，如果想以一种可预测的方式致富，就要时刻走在时代的最前沿，学习科技、学习设计、学习艺术，成为行业翘楚。[1]

把时间花在省钱上是不会致富的。
省出时间来赚钱才是正确的思路。

努力的作用被大大高估了。在现代经济中，工作的努力程度并没有那么重要。

066

那什么被低估了呢？

判断力。判断力被低估了。[1]

你能给判断力下个定义吗？

我对智慧的定义是"知道个人行为的长期后果"，用于解决外部问题的智慧其实就是判断力。或者说，智慧和判断力是高度关联的：一个智慧而富有判断力的人，首先要知道个人行为的长期后果，然后做出正确的决策并付诸行动。[78]

> 在杠杆时代，一个正确的决策可以帮你赢得一切。
> 不付出努力，就无法培养判断力，也不会获得任何杠杆。

时间的投入是必需的，但判断力更重要。在前进的过程中，方向比速度更重要，特别是运用了杠杆以后。在每个岔路口选对方向，其重要程度要远远超过前进的努力程度。人生就是选择正确的方向，然后朝这个方向奋力前行。[1]

如何清晰地思考？

> 与"聪明"相比，"思路清晰"是一种更好的赞誉。

真正的知识具有内在的关联性，就像一根链条，从基础层面到应用层面环环相扣。以数学为例，如果不懂算术和几何，你就无法理解三角函数。如果有人用词花哨，动辄谈论宏大而复杂的概念，那么他们很有可能并不了解自己所谈论的东西。我认为最聪明的人是可以把事情深入浅出地给孩子讲解清楚的人，否则他自己也没有真正理解。这是一个我们都熟知的观点，确实说得很对。

理查德·费曼的教学方法广为人知。在他早期的"费曼讲物理"系列讲座中，他就用非常简单易懂的语言讲清楚了复杂的概念。他只用 3 页纸基本上就把数学的本质解释清楚了。他从数字开始，讲到计算，然后讲到微积分，其中的逻辑链条环环相扣，层层递进。他并没有用任何定义来讲解数学。

真正聪明的人是思路清晰的思考者。他们把基础知识和基础层面了解得非常透彻。相较于背诵各种复杂的概念，我更愿意吃透基础知识。死记硬背学来的概念无法被有机地整合到一起，而且会与基础知识脱节。如果在需要用到一些概念时却无法通过基础知识推导出来，你就会迷失在现有知识的迷宫中，你就成了简单的背诵机器。[4]

一个领域的最新概念往往是没有经过充分验证的。使用这些概念会让我们看似很内行。熟知内行知识是很重要，但更重要的是牢牢掌握基础知识。[1]

> 头脑清晰的思考者能够树立起自己的权威。

有效决策体现在很多方面，其中一个方面可以归结为处理现实问题。当你做决定时，你如何确保自己是在直面现实问题？

要直面现实，就要放下自我，消除自我意识，忘记自我判断，平复自我情绪。人虽然是高级动物，但情绪化的自我意识的存在会带来反刍式思维，让一些欲望蒙蔽我们的双眼，让我们看不清现实，从而让我们对"世界应该怎样"妄下判断。这种情况经常发生，尤其是在把政治诉求和商业问题搅在一起时。

阻碍我们看清现实的最大因素就是我们对现实"应有的样子"有先入为主的印象。

痛苦时刻的一个定义是：当你看到事物的真面目不是你本来想要的样子时，你是痛苦的。举个例子，一直以来，你都确信自己的生意做得很好，但实际上，这是由于你无视生意不好的迹象而产生的错觉。结果，生意失败了，你痛苦万分。之所以如此，是因为你迟迟没有面对现实，一直在自欺欺人。

但痛苦的时刻就是真相大白的时刻。只有处于痛苦之中，你才会被迫接受现实，而只有接受现实，你才能做出有意义的改变，取得有意义的进步。由此可见，只有实事求是，才能不断改进，不断前行。

难点在于看清真相。要看清真相，就必须摆脱自我，因为自我不想面对真相。自我越弱小，对自己反应的限制越少，对自己想要的结果的执念越低，就越容易看清现实。

> 对美好现实的渴求蒙蔽了对真实世界的认知。所谓痛苦，就是无法继续无视事实。

假设你的朋友陷入一些困境，比如分手、失业、生意失败，或者出现了健康问题，你要对他表示安慰。你一定知道该怎么说，甚至想都不用想："那个女孩啊，忘了她吧。反正她也不适合你。分手了你会更快乐。相信我，你将来会找到更合适的。"

你知道正确的答案，但你的朋友却看不到，因为他正在遭受痛苦，备受煎熬。他仍在期望现实会有所不同。然而，问题不在于现实。问题在于欲望与现实是互相冲突的，人总会因欲望而看不清现实，旁人的劝说都是无用的。我自己在做决策的时候，也会遇到同样的情况。

我深知，越是渴望以某种特定的方式解决问题，我就越不可能看清事实。因此，尤其是在涉及公司事务时，如果某件事进展不顺利，我就会尽力公开承认存在的问题，对合伙人、朋友和同事开诚布公。这样一来，我对任何人都不会有任何隐瞒。如果不用隐瞒别人，我就不用再欺骗自己，解除了心灵的羁绊和束缚，我就更能看清现实了。[4]

> 感受跟事实是两码事。感受只是自我对事实的部分估计。

事实上，留出空闲时间非常重要。如果每一天都被各种会议占满，都是忙忙碌碌的，你就无法进行思考。

没有思考，你就不会有出色的商业创意，也不可能做出正确的判断。我鼓励大家每周至少花一天时间来思考（最好是两天，因为即使预留了两天，最终也可能变成一天）。

悠闲的大脑才能产生伟大的创意。一个倍感压力、案牍劳形、四处奔波、焦头烂额的人，是没有办法思考的。所以，一定要为思考挤出时间。[7]

> 非常聪明的人往往都是特立独行的，他们坚持独立思考、亲力亲为，以厘清事情的来龙去脉。
>
> 逆势而为者并非总是反对一切，事实上，反对一切是墨守成规的另一种表现。逆势而为者会根据实际情况独立思考，能够顶住盲目从众的压力。
>
> 玩世不恭很容易，随波逐流也很容易。

成为逆势而为的乐观主义者才最难得。

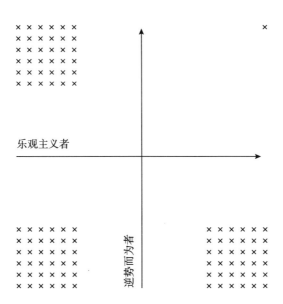

摆脱自我束缚，认清世界真相

我们的自我是在成长过程中被逐渐塑造的，主要是由人生的前 20 年决定的。塑造自我的因素包括成长环境、父母和社会等。长大成人后，我们会用一生的时间追求幸福，希望自我能够得到满足。当出现任何新的变化时，我们的自我都会发问："我应该如何改造外部世界，让它更符合我的喜好和期待？"[8]

佛曰："有求皆苦，无求乃乐。"

在日常生活中，基于习惯的行为模式无处不在。人生会遇到各种各样的问题，我们不可能把遇到的每个问题都当成第一次。在解决各类问题的过程中，我们逐渐养成了很多习惯。我们把这些习惯和自我认知、自我认同、自我意识紧密地捆绑在一起，并对习惯形成深深的依赖。"我是纳瓦尔，我就习惯这样做。"

当然，习惯有好有坏。要持续成长，很重要的一点是学会打破现有的条件反射，改掉不良习惯。要善于剖析自我，梳理每个习惯是怎样形成的。比如："这个习惯可能是我在蹒跚学步的时候养成的，当时是为了吸引父母的注意。我在成长过程中不断强化这个习惯，现在它已经成为我的一部分。这个习惯对现阶段的我还有帮助吗？它会让我更快乐吗？会让我更健康吗？可以帮助我完成计划、实现目标吗？"

跟大多数人相比，我的习惯性没有那么强。我不喜欢对日常生活进行规划。我也有一些习惯，但这些习惯都是我刻意培养的，而不是在成长过程中无意形成的。[4]

任何一个标签（比如"前民主党人""天主教徒""美国人"）都是一系列信仰、理念和身份的集合。我们应该秉持怀疑态度，从基本原则出发，对其重新评估。

　　我尽量避免预设的干扰。我认为，任何划分阵营和贴标签的行为都会给人造成束缚，让人看不清真相。

> 要做到诚实，就要在发表观点时抛开自己的身份。

　　我曾经自认为是个自由主义者，但后来我发现，我之所以捍卫那些我没有真正思考过的立场，是因为这些立场是自由主义信条的一部分。只有立场却没有是非，这是不可取的。如果你所有的信念都能被整整齐齐地打包成某个"主义"，或某个思想流派，你就要对自己的信念保持高度怀疑。

　　在任何一个层面上实现自我认同，都会形成很多所谓的"稳定信念"。我不喜欢这种做法，因为这会妨碍我独立思考。[4]

> 我们每个人都有一些离经叛道的信仰，这些信仰不被社会接受。但是，我们的身份和所在的族群越是排斥这样的信仰，它就越有可能是符合现实的。

　　从长远看，承受痛苦也是人生的必修课，它可以带来两大收获：一是痛苦可以让人接受世界的本来面目；二是痛苦可以大大改变一个人的自我，虽然过程非常煎熬。

　　举例来说，如果一个竞技运动员身受重伤（比如，李小龙），他当然非常痛苦，但他必须接受现实，明白竞技运动并不是他生命的全部，运动员也不是他身份的全部。受伤的他也许可以去研究哲学，为自己赢得一个哲学家的新身份。[8]

> 脸书不断重新设计，推特也不断重新设计。个性、职业和团队也需要重新设计、推陈出新。在一个动态的系统中，没有一劳永逸的解决方案。

有求皆苦，

———————————————————————————

无求乃乐。

学习决策技巧

传统美德对我们的决策具有很大的启发意义：要选择从长期来看让我们受益最大的做法，而不是只顾眼前得失。[11]

> 当把成功归于自己时，你要更加谨慎，因为难免出现认知偏差。

　　未来几年，我的重要目标就是摆脱很多以前的习得反应和习惯性反应。这样我就可以抛开记忆或固有的认知和判断，当机立断，做出更清晰的决定。[4]

> 几乎所有的偏见都是为了帮助人们在信息不完整的情况下迅速做出判断。对于重要的决策，要抛开记忆和身份，专注于问题本身。

　　我之所以极度坦诚，是因为我想获得自由。自由的表现之一就是可以心口如一，表达自己的真实想法。诚实和自由高度统一，相辅相成。理论物理学家理查德·费曼有句名言："不要欺骗自己，你自己才是最容易被欺骗的人。"对别人撒谎，就是对自己撒谎。你会慢慢地相信自己的谎言，继而脱离现实，走上错误的道路。

> 我从不考虑"我喜欢或不喜欢"这样的问题。我只关注事实，我思考问题的角度是"事实就是这样"，或者"事实不是这样"。
>
> ——理查德·费曼

做一个诚实的人对我来说极为重要。我不会有意做那些卑鄙下流之事。做人除了要极度诚实，还可以参照巴菲特很久之前说过的一个建议：具体地表扬，泛泛地批评。我努力遵循这个建议，虽然并不总能做到，但它确实给我的人生带来了积极的改变。

如果要提出批评意见，不要批评某个人，可以批评工作方法，或者批评某一类行为。如果要表扬，那就找到一个榜样，表扬这个特定的人。这样有助于维护你身边人的自尊心和身份感，获得他们的支持，让他们为你所用，而不是与你作对。[4]

关于培养诚实的态度和率直的表达方式使其成为本能这件事，你有什么建议吗？

把自己的真实想法告诉所有人。现在就开始这样做。表达方式不一定要很直白。当一个人同时展现出高度的自信和关爱的力量时，他就会散发出人格魅力。诚实待人、积极向上，这是我们在任何时候几乎都可以做到的。[71]

作为 AngelList 的投资者和首席执行官，你的工作就是在别人犯错时做出正确决策。你的决策流程是怎样的？

是的。决策就是一切。事实上，一个决策正确率为 80% 的人比正确率为 70% 的人在市场上的价值和获得的回报要高出数百倍。

人们好像很难从本质上理解决策的杠杆效应。我可以举例说明，如果我管理着 10 亿美元的资产，而且我的决策正确率比其他人高出10%，我就能通过一个判断、一个决策创造出 1 亿美元的价值。这就是决策的杠杆效应。随着现代科技的发展、劳动力规模的扩大和资本的不断积累，决策也将发挥越来越大的杠杆效应。

如果能做出更正确、更理性的决策，你得到的回报就是非线性的。我很喜欢 Farnam Street 这个博客，因为它致力于帮助读者提高决策的准确性，从各方面帮助他们成为一个更好的决策者。请记住：决策就是一切。[4]

> 越觉得自己无所不知，规避和处置风险的方法越少。

发现好的心智模型

在决策的过程中，大脑是一台根据过往记忆进行预测的机器。

在根据记忆进行预测的过程中，推理逻辑是最靠不住的："这件事在过去发生了，因此在未来也会发生。"这种推理过于依赖特定环境，带有经验主义色彩。其实，做决策要具体问题具体分析，有效决策需要的是原则和心智模型。

目前我发现的最好的心智模型来自进化论、博弈论和查理·芒格。芒格是巴菲特的合伙人，是一位极为出色的投资大师。他有成千上万个绝佳的心智模型。另外，我还知道纳西姆·塔勒布、本杰明·富兰克林等等，他们都有出色的心智模型。我也会在自己的脑子里装满各种各样的心智模型。[4]

我把自己的推文和其他人的推文作为格言。发推文有助于我提炼所学知识的精髓，也有助于我温故而知新。大脑的空间是有限的，毕竟一个人的神经元数量是有限的，所以你可以把推文视为指针、地址或助记符，其目的是帮助你记住那些更深层次的原则。而只有将这些原则与过往的亲身经历相结合，你才能加深理解和记忆。

如果没有结合亲身经历，推文读起来就会像鸡汤集锦，内容精彩，一时间让人备受鼓舞。你甚至还把它们做成精美的海报，以时时激励自己。但很可能过段时间你就忘掉了，继续按部就班地生活。所谓的心智模型，其实就是有助于调取你所学知识的简单方法。[78]

进化论

我认为，现代社会的很多现象都可以用进化论来解释。有一种理论认为，文明的存在是为了解决交配权的分配问题。从纯粹的性选择角度看，人类社会精子充足，卵子稀少，所以存在分配问题。

究其根本，人类的所有发明和成就都是为了解决交配权的分配问题。

人生的很多问题都可以从进化论、热力学、信息论和复杂性理论中找到解释和预测。[11]

反推法

我认为自己并没有能力找到"正确方法"。相反,我努力的方向是逐一排除不奏效的方法。我认为成功就是不犯错。成功的关键并不在于做出正确判断,而在于避免做出错误判断。[4]

复杂性理论

20 世纪 90 年代中期,我开始沉迷于研究复杂性理论。随着研究的深入,我越发认识到人类知识和预测能力的局限性。复杂性理论对我产生了至关重要的影响。这个理论帮助我打造了一个系统,它可以在存在信息盲点的情况下正常运作。我相信,从本质上说,人类是无知的,是极不善于预测未来的。[4]

经济学

微观经济学和博弈论都是基础性学科。如果不能深刻理解供求关系、劳资关系、博弈论等问题,你就不可能在商业上取得成功,甚至也无法很好地适应现代社会。[4]

忽略那些不同的声音。市场会做出决定。

委托和代理问题

在我看来，委托和代理问题是微观经济学中最基本的问题。如果不了解什么是委托、什么是代理，你就无法在这个世界上应对自如。如果想成功创业、成功达成交易，你就一定要研究委托和代理问题。

委托和代理问题非常容易理解。恺撒大帝有句名言："如果你想完成一件事，那就亲自去做。如果不想完成，那就派人去做。"他的意思是，如果想把事情做好，你就必须自己去做。如果你是委托人，你就会有主人翁的责任感，因为在意结果，所以你会做得很好。而如果你是代理人，你就是在为别人做事，你可能会做得很糟糕，因为你不在乎。你追求的是自身利益最大化，而不是委托人资产最优化。

公司规模越小，每个人越会觉得自己是委托人、是主人。越不觉得自己是代理人，工作就会做得越出色。增加所获报酬与创造价值之间的相关性，可以改变员工的认知，让他们越发觉得自己是委托人，而不仅仅是代理人。[12]

我认为，我们内心深处都知道这一点。我们会天然地被委托人这个角色吸引，内心也更贴近这个角色。但媒体和现代社会不断给大众洗脑，让大众认为社会需要代理人，代理人在社会中发挥着不可或缺的作用，代理人学识渊博，等等。这样一来，大多数人会心甘情愿地成为勤勤恳恳的代理人。[12]

复利效应

一提到复利，大部分人都知道这是一个金融词语。如果不懂复利是什么，那么你可以自行学习一下微观经济学教科书。从头到尾认真研读一本微观经济学教科书，你会受益匪浅。

我举个金融的例子来说明什么是复利。假设每年从 1 美元中获得 10% 的收益，那么第一年可以赚 10%，最后得到 1.10 美元，第二年得到 1.21 美元，第三年得到 1.33 美元。收益金额会不断增加。如果以每年 30% 的复利利率计算，连续 30 年，最终得到的不是本金的 10 倍或 20 倍，而是数千倍。[10]

在智力成果领域，复利效应同样适用。一家公司现有 100 个用户，如果用户以每月 20% 的复合速率增长，公司将在短时间内累积起数百万用户。有时候，即使是公司的创始人，也会对如此庞大的业务规模感到惊讶。[10]

基础数学

我认为，基础数学的重要性真的被低估了。如果要赚钱或者投资，你就必须学好基础数学。创业和经商不需要学习几何学、三角函数、微积分，也不需要学习其他任何复杂的数学课程，但是需要学习算法、概率学和统计学，这些分支学科都非常重要。要吃透基础数学，真正掌握加减乘除、复利计算、概率论和统计学。

黑天鹅

概率统计学有一个新的分支，这个分支是关于"尾部事件"的。黑天鹅事件是极端概率事件。这里我想重提一下纳西姆·塔勒布，我认为他是我们这个时代最伟大的哲学家和科学家之一。他在研究黑天鹅事件方面做了很多开创性工作。

微积分

我们可以借助微积分了解和认识变化的速度和自然界的运作方式，但更重要的是，要理解微积分的原理。微积分通过小的离散或连续事件来测量变化。进行积分运算或根据需要进行推导并不重要，因为在商业世界里你不需要这样做。

可证伪性

对那些声称"科学"站在自己一边的人来说，最重要的原则，同时也是他们理解得最不透彻的原则，就是可证伪性。如果不能做出可证伪的预测，那就不是科学。要让人们相信某个理论是真理，这个理论就应该具有预测能力，而且必须是可证伪的。[11]

我认为宏观经济学不可信，因为宏观经济学家做出的预测是不可证伪的，而可证伪性才是科学的标志。现实只有一个，所以在研究经济时，反例永远不会出现，你永远不可能在美国经济发展的同时，找到另一个完全一样的国家做相反的经济实验。[4]

如果难以抉择，那答案就是否定的

如果面临艰难选择，比如：

我应该跟这个人结婚吗？

我应该接受这份工作吗？

我应该买这栋房子吗？

我应该搬到这个城市吗？

我应该和这个人做生意吗？

如果你难以抉择，答案就是否定的。原因是，现代社会充满了选择，有成千上万个选择。我们生活在一个有 70 亿人口的星球上，我们和互联网上的每个人都相互连接，世界上有成千上万的职业供我们选择。大千世界，芸芸众生，选择永远不缺。

自古至今，生理上的局限决定了人类无法意识到自己到底有多少种选择。在远古时期的部落中，150 个人就是运转和协作的极限了。当一个人出现在你的生活中时，这个人可能就是你唯一的伴侣选择。

一个重大决策可能会影响未来十几年，甚至几十年的人生轨迹。创业可能需要 10 年时间。一段恋情可能会持续 5 年甚至更久。搬到一个城市可能会住上 10 年、20 年。这些决定都将产生深远的影响。人做不到绝对确定，但是我们一定要在非常确定的情况下再做出决定。

有时我们实在难以抉择，甚至需要列出清单，对不同选项的利弊进行对比和权衡。选择放弃吧，如果难以抉择，答案就是否定的。[10]

迎难而上

> 一条简单的人生经验：如果在一个艰难的决定上意见不统一，你就应该选择短期内更痛苦的道路。

如果面对两个选择，利弊各占 50%，你就应该选择短期内更艰难、更痛苦的道路。

从本质上看，两条道路中的一条会带来短期痛苦，而另一条会在未来引发更长久的痛苦。为了回避矛盾，大脑会本能地选择摆脱短期痛苦。

前提条件是，两个选择利弊相当，但如果一条道路会带来短期痛苦，那么它也会带来长期收益。而根据复利效应，长期收益才是你想要的。

大脑会过分看重短期快乐，试图避免短期痛苦。

因此，你必须进行自我训练，主动迎接短期痛苦，压制回避痛苦的倾向（这种潜意识倾向非常强大）。如你所知，我们生命中的大部分收获都来自承受短期痛苦而获得的长期回报。

以运动为例。运动对我来说并不是一件快乐的事，因为我会在短期内感到痛苦。但是从长远看，我会变得更好，因为我的肌肉更发达了，身体更健康了。

当运动时，肌肉会感到酸痛或疲劳。读书也一样，读有难度的书会让大脑不堪重负，短时间内感到疲劳。但从长远看，读书会让我变得越来越聪明，因为我在持续挑战大脑处理信息的极限，提高大脑的工作能力，进而不断吸收新概念。

因此，一般来说，应该选择短期痛苦，以换取长期收益。

建立新的心智模型最有效的方法是什么？

海量阅读，多多益善。[2]

> 每天花一个小时阅读科学、数学和哲学类书籍，7 年内，你就可能跻身少数的成功人士之列。

学会热爱阅读

（具体的书籍和博客推荐，请参阅"纳瓦尔的推荐读物"部分。）

真心热爱阅读，加上后天的引导和培养，你的能力将不可限量。我们生活在亚历山大时代①，只需要轻点指尖，任何图书和知识

---

① 亚历山大时代是人类历史上文化大交流大融合的时代，在世界文化发展史上具有重要意义。——编者注

都唾手可得。我们学习的手段丰富多样，我们缺乏的是求知欲。[3]

> 阅读是我的初恋。[4]

我还记得祖父母在印度的宅院。祖父家里只有《读者文摘》，小时候，我就躺在地板上，一本接一本读完了他家所有的《读者文摘》。现在是信息爆炸的时代，任何人都可以随时阅读任何东西。但在我小时候，阅读的局限性要大得多。我会读漫画书、故事书，能找到什么就读什么。

我一直很喜欢阅读，仔细想来，其实主要是因为我非常内向，不善交际，喜欢宅在家里看书。从很小的时候起，我就沉迷于语言和思想的世界。我热爱阅读，部分原因也在于，我小时候的成长环境很宽松，没有人强迫我阅读特定的书籍。

父母和老师往往会引导孩子阅读或者避开特定的书籍，我小时候读的很多书，以现在的标准来看，都属于精神垃圾。[4]

> 阅读自己喜欢的题材，直到热爱阅读。

读书的唯一原因应该是喜欢，不需要其他任何理由。不要把读书当成一项任务，读书就是因为乐在其中。

我发现自己现在开始重读很多书，甚至超过了读新书的时间。

来自 @illacertus 的一条推文说："我不想什么书都读，我只想把 100 本好书读上一遍又一遍。"我觉得这个想法很有道理。关键是找到适合自己的好书，因为每个人阅读的喜好和需求不同。这样做，你会受益良多。

> 不要比谁读书更快。书越好，你越要慢慢阅读、慢慢吸收。

我不知道大家的情况，但我本人注意力非常差。我会略读、速读、跳读，也记不住书里具体的段落或内容。但这些并不重要，重要的是，在某个更深的层面，我吸收了书中的精华，这些书成为我心灵织锦上的丝线，编织成我灵魂的一部分。

我相信你一定有过这样的感觉，当拿起一本书开始读的时候，你会说："这本书真有意思，内容真不错。"读着读着，你越来越有一种似曾相识的感觉。读到一半，你突然意识到："原来我读过这本书。"但真的没关系，既然忘得差不多了，那就意味着你已经准备好重新阅读它了。[4]

> 我精读的书其实并不多。我会略读很多书，但精读的只有几本，而这几本书构成了我知识的基础。

事实上，我的阅读量并没有大家想象中那么大。我每天可能阅读一两个小时，不过这已经足够让我名列全球阅读时间的前 0.000 01%了。阅读是我一生中所有物质和精神层面所取得的成就的来源。绝大多数人不会每天读一个小时的书。普通人每天可能只读一分钟的书，甚至更少。把读书培养成习惯是最重要的一件事。

阅读的题材和内容并不重要。最终，你会追随自己的兴趣，完成大量阅读。你的生活也会因此得到极大的改善。这就好比最好的锻炼方式就是做自己感兴趣的、每天都能坚持的运动。同样的道理也适用于书籍、博客、推特，或者任何有思想、有信息、有学习内容的东西，最好的阅读就是自己感兴趣的、爱不释手的阅读。[4]

> 一书在手，便不觉得浪费时间了。
>
> ——查理·芒格

每个人大脑的工作方式都不相同。有些人喜欢记笔记，而我的笔记本就是推特。我持续、大量阅读，如果遇到让我眼前一亮、豁然开朗、拍案叫绝的观点或概念时，我就会在推特上分享。但为了满足推文的字数要求，我又必须推敲文字。最终，我会努力提炼出一条格言，放在推特上。但总会有各种各样的人愤怒地跳出来攻击我，对我推文的内容断章取义、以偏概全地横加指责。这时，我会想："我怎么又发推文了，真是不长记性。"[4]

> 指出别人观点中明显的偏颇，意味着要么你攻击的对象不聪明，要么你自身不聪明。

刚拿起一本书的时候，你是会先浏览一下，找到有意思的部分，还是随便翻到某一页就开始阅读？你是怎样阅读的？

我会从头开始读，但会读得很快。如果书的内容没什么意思，我就会跳着读，或者大概翻一下后面的内容。如果书的第一章没有什么实质性或有启发意义的内容，没有吸引我的注意力，我就会放下书，不再读了，或者跳过几章，从中间开始读。

我读书的时候不相信"延迟满足"，读不堪卒读的书本身就是痛苦的，何来满足？世界上的书太多了，有那么多好书，这本不喜欢就果断舍弃，换下一本。

> 统计阅读数量是为了满足虚荣心。知识面越广，思想越独立，读不完的书就越多。不要刻意追求读完多少本书，而要时刻关注可以预测未来趋势的新概念。

一般来说，我会略读和跳读，找到能吸引我注意力的章节。大部分图书都有一个论点（我讲的是非虚构类作品，不是小说），作者提出一个论点，引用海量实例证明自己的观点，然后用自己的观点去论证世界上各种各样的现象。一旦觉得自己已经明白了这个论点，我就不再读下去了。这样的书太多了，我称其为伪科学畅销书。别人会问我："这本书你读了吗？"我总是说读过了，其实我可能只读了两章，但书的主旨我已经了解了。

> 如果一本书被写出来只是为了赚钱，那么不要读它。

对阅读中获得的信息你如何消化吸收并融会贯通？

向别人讲解你学到的东西。教学相长。

> 人与人的区别不是"受过教育"和"没受过教育"，而是"喜欢阅读"和"不喜欢阅读"。

如果想成为一个更清醒、更独立的思考者，在接下来的 60 天里，我能做些什么？

阅读数学、科学和哲学领域的经典作品。不要读畅销书，不要看新闻。避免加入任何所谓的"读书俱乐部"，避免追求任何的社群认同。把真理置于社群认同之上。[1]

> 学习逻辑和数学。一旦掌握了逻辑和数学，无论读什么书你都
> 不会发怵了。

图书馆里的任何一本书都不应该让你望而却步，无论是数学、物理、电气工程、社会学还是经济学。你应该不畏惧阅读书架上的任何一本书。其中一些书对你来说难度可能有点儿大，但是没关系，你还是应该接着读，只要有机会就一遍又一遍地阅读。

读书时感受到的困惑，就像运动时感受到的肌肉酸痛。阅读是在锻炼精神的肌肉，运动是在锻炼身体的肌肉。要学会如何阅读书籍。

"不用想太多，读就是了"，这句话的问题在于，现在的垃圾内容太多了。写作者良莠不齐，很多人会写出很多垃圾作品。

我遇到过很多人，他们貌似博览群书、知识渊博，但实际上没什么智慧。原因在于，他们虽然读了很多书，却是以错误的顺序读了错误的内容。在开始阅读之旅时，他们读的东西没有什么实质性内容，也不包含什么真理，这些内容构成了他们世界观的基础。然后，当新事物出现时，他们会根据已经建立起来的基础对新想法加以评判，他们的评判自然也没什么见地。所以，打好阅读的基础非常关键。

> 大多数人对数学都有一种天然的畏惧感，他们不能对数据进行
> 独立评判，因此，在遇到以数学方法或伪科学为支撑的观点

时，难免会高估这些观点的价值。

打下一个高质量的阅读基础至关重要，只有这样才能站得高行得远，更好地辨别真伪优劣。

打好基础的最佳方法或诀窍就是坚持科学，坚持基础理论（你可能不喜欢这个答案）。一般来说，不存在任何争议的真理是屈指可数的，而数学就是其中之一，数学很少存在争议，几乎没有人不同意 2+2=4，对吧？数学是一门非常严谨的学科，可以为阅读打下坚实的基础。

同样，自然科学和微观经济学都能为阅读打下坚实的基础。一旦脱离了这些坚实的基础，麻烦就来了，因为你会难辨真伪。我会尽我所能，为自己的阅读打下一个坚实的基础。

擅长算术和几何比深入研究高等数学要有用得多。所以，我建议多花些时间阅读微观经济学——从微观经济学入门课程开始。

另一种方法是阅读原著和经典。如果对进化论感兴趣，那就去读一读达尔文的作品，不要从理查德·道金斯读起（尽管我认为他很棒）。先读达尔文，再读道金斯。

如果想学宏观经济学，就先读亚当·斯密、冯·米塞斯或哈耶克，从最早的那批经济哲学家读起。如果喜欢共产主义或社会主义思想，可以从卡尔·马克思的作品读起。不要读解读性或评论性的内容，它们只是别人告诉你，你应该如何做事，世界应该如何运行。

以原著和经典为基础，你能够获得足够完备的世界观和深刻的理解力，你不会再畏惧任何书籍。你可以顺利开启自己的学习之旅。

如果能成为一台永动学习机，你就永远不缺赚钱的途径。你会拥有洞察社会现象本质的能力，你会找到真正的价值和需求所在，然后通过学习，紧跟时代发展的脚步。[74]

> 要想思路清晰，就要了解基础知识。如果只是死记复杂概念，却无法融会贯通、学以致用，那么记得再多也是一窍不通、无济于事。

我们现在身处推特和脸书的时代，得到的都是碎片化的智慧精华，吸收起来非常困难。读书对现代人来说已经非常困难了，因为我们的大脑已经被训练成特定模式，大脑同时接受了两个相互矛盾的训练。

一方面，我们注意力的持续时间越来越短，因为总有海量信息扑面而来。我们希望快速略读，总结要点，直奔主题。

> 推特降低了我的阅读能力，却大大提高了我的写作能力。

另一方面，我们从小受到的教育就是，书必须读完一本再读下一本。书是神圣的——在学校里，老师给你指定一本书，你就必须读完它。随着时间的推移，我们逐渐忘记了如何阅读。我认识的每个人都卡在某一本书上，很难开始下一本。

我相信，你现在一定也卡在某本书的某一页读不下去了，但同时你又觉得应该把这本书读完。这个时候你会怎么做？你可能干脆什么书都不读了。

对我来说，放弃阅读是一个悲剧。阅读伴着我一路长大，成年之后我才开始用博客，后来开始玩推特和脸书。之后我意识到，我没有从网络上学到任何东西。上网的每一天我都是在吃多巴胺零食，每块零食就是 140 个字符。我每次做的就是发推文，然后看看谁转发了我的推文。这件事很美妙很有趣，却只是个游戏。

这个时候我意识到，我必须回归阅读。[6]

我知道回归阅读非常困难，因为我的大脑已经被训练成这种模式，只会花时间在脸书、推特和其他碎片化的内容上。

于是，我想了一个办法，那就是把书当成博客文章集锦或推文合集，这样我就不用必须读完这本书了。如果有人跟我提起一本书，我就把这本书买回来。现在我会同时阅读 10 本、20 本书，都是一目十行、囫囵吞枣地读。

如果书的内容有点儿枯燥，我就跳过这部分内容。有时候，我会从一本书的中间开始读，因为有些段落抓住了我的眼球。然后，我想读多少就读多少，并不觉得一定要从头至尾读完。突然间，书籍又回到我的阅读百宝箱里。这真是太棒了，因为书籍中蕴含着古老的智慧。[6]

在解决问题时，问题越古老，解决方案存在的时间越长。

如果想学开车或者驾驶飞机，你就应该阅读一些现代指南，因为这个问题是在现代社会产生的，而且现代社会可以提供很好的解决方案。

而如果是一个古老的问题，比如如何保持身体健康，如何保持冷静和平和，什么样的价值体系是好的，如何经营好家庭，诸如此类的问题，古老的解决方案可能更好。

任何流传了两千年的图书都经过了许多代人的甄别和筛选，其中的一般性原则更有可能是正确的。我想重新开始阅读这类书。[6]

> 你的脑海中是不是会偶尔出现一首歌曲的旋律，它总是挥之不去？这就是记忆痕迹。其实所有思想的形成莫不是痕迹效应的结果。所以要慎重选择阅读内容。

> 一颗平静的心，一个健康的身体，一个充满爱的家。
> 这些东西是金钱买不到的，必须通过努力才能获得。

PART TWO
HAPPINESS

第二部分

幸福

人生的三大要素是财富、健康和幸福。

我们依次追求财富、健康和幸福，但按重要性排序，则是反过来的。

第三章

学习幸福

别太把自己当回事。你只是一只会做计划的猴子。

幸福是一种技能

10 年前，如果你问我是否幸福，我会避而不谈，因为我不想讨论关于幸福的话题。

如果要给幸福感打分，满分 10 分，我当时的幸福感应该是 2 分或 3 分。状态最好的时候，也许能达到 4 分。但幸福感对那时的我来说并不重要。

而现在，我的幸福感是 9 分。有钱确实能提高幸福感，但金钱其实只发挥了很小的作用。幸福感的提升主要是因为，随着时间的推移，我逐渐认识到，让自己幸福对我来说是最重要的事，我也运用了大量技巧来培养自己的幸福感。[10]

> 可以说，幸福与基因无关，甚至与选择无关，它是一种与个体密切相关、可以后天习得的技能，就像通过锻炼强健体魄、通过吃饭摄取营养一样。

我认为，幸福就像所有其他的宏大话题一样，其含义会随着时空的转换而不断变化。小时候，你会问妈妈："人死了以后会发生什么？世界上真的有圣诞老人吗？真的存在上帝吗？我应该感到快乐吗？我应该跟谁结婚？"诸如此类的问题都没有显而易见的正确答案，因为没有哪个答案适用于所有人。当然，这些问题最终会有答案，只不过答案只适用于单一的个体。

甲之真理，乙之谬论，反之亦然。我所理解的幸福与你所理解的幸福可能大相径庭。我认为，探索自己对幸福的定义非常重要。

我认识的一些人认为幸福是一种心流状态，另一些人认为幸福是欲望得到满足，还有人认为幸福就是知足常乐。我对幸福的定义也在不断变化，我一年前给出的答案跟现在的就完全不同。

现在，我认为幸福就是一种不需要主动作为的状态。当把"缺憾感"从生活中剔除时，幸福感就会油然而生。

人类是具有高度主观意识的生存和繁殖机器，会一刻不停地对周围的一切做出评判。我们不断地接收和判断周围的信息，想着"我需要这个"或者"我需要那个"，深陷欲望之网，难以自拔。而幸福就是一种毫无缺憾感的充盈状态。当感到生命中并不缺少什么时，大脑就会处于休眠状态，不再追忆昨天，也不再畅想明天，不会悔不当初，也不会谋求未来。

在没有缺憾感的短暂时间里，你的内心会一片宁静。当内心宁静时，你是满足的，是快乐的。当然，你完全可以不同意我的观点。但我还是要再说一次，每个人的情况都不一样，每个人对幸福的理解也不一样。

人们往往误将积极乐观的想法和行为等同于幸福。随着阅读量、知识面和阅历的增加（阅历很重要，因为实践出真知），我发现每个积极的想法其实都包含一个消极的想法。积极和消极是如影随形的相对概念。《道德经》对此进行了全面深刻的阐述，我的分析当然不能与其相提并论，但归根到底，万物皆有二元性和极性。如果我说现在我很开心，那就意味着在某个时刻我很伤心。如果我说一个人有魅力，意思就是其他人没有魅力。每一个积极想法都有一个消极想法的种子蕴含其中，反之亦然，这就是为什么生命的伟大在很大程度上源于苦难。人必须先看到消极的一面，才能去憧憬和欣赏积极的一面。

对我来说，幸福不等同于积极的心态，也不等同于没有消极的想法。幸福是一种无欲无求的状态，特别是对外界事物的欲望。欲望越少，越能接受事物的当前状态，头脑越平静。所谓"万般烦恼皆因心动"，就是头脑在一刻不停地设计未来或追忆过去。我越是活在当下，越能感受到快乐，感受到满足。而如果我试图抓住当下快乐的感受，想要一直保持快乐的状态，快乐就不会持久。因为，这时我的心在动，欲念在动，希望依附于一个外部事物，欲将一个短暂的情景变成永恒。

对我来说，幸福的含义主要是没有痛苦，没有欲望，不沉溺于对未来或过去的思考，真正拥抱当下，拥抱现状，拥抱现实的一切。[4]

> 如果想获得内心的平和，你就必须超越对万事万物的善恶评判。

大自然没有幸福或不幸福的概念。从宇宙大爆炸到现在，自然的发展遵循完备的数学定律和一系列因果关系。大自然的一切都浑然天成。幸福或不幸福只存在于我们的大脑，因为我们有欲望，所以给事物贴上了"完美"或"不完美"的标签。[4]

世界只是折射个人感受的一面镜子。现实是中性的，现实不做评判。一棵树没有对与错、好与坏的概念。人生在世，我们从大千世界中获得各种各样的感官体验和刺激，耳得之而为声，目遇之而成色。至于如何思考、判断和对待你所感知的一切，全由你自己决定——选择权在你手上。

我所说的"幸福是一种选择"就是这个意思。如果你相信幸福如我所说是一种选择，那么你可以着手做出这个选择。[77]

> 情绪看似是外力作用的结果，但其实并非如此。

随着时间的流逝，我也开始相信，个体是渺小的，如沧海之一粟，微不足道。这样的认知对我获得幸福感很有裨益。假如你自认为是全宇宙最重要的人，你就会有让整个宇宙屈从于你的意志——既然你是最重要的，那么宇宙怎么可以不符合你的心意呢？如果宇宙不按照你的意志来运转，你就会觉得不对劲儿。

但如果你把自己看成一个细菌或变形虫，把自己毕生的努力都看成在水上写字、在沙滩上建城堡，你就不会对生活"本来该有"的模样抱有期待。生活就是这样，现实就是如此。接受了这一点，就无所谓幸不幸福。"幸福"并不是一种客观存在，而是一种主观感受。

> 幸福就是消除缺憾感之后的感受。

剔除了"幸福"和"不幸福"的状态，剩下的就是中性状态，但中性状态并不意味着平淡。很多人认为，中性状态是索然无味、缺乏激情的。事实并非如此，中性状态是孩子才有的状态。我们会发现孩子通常都很快乐，那是因为他们真的会沉浸在周围的环境里，沉浸在当下，而不是期待环境来契合自己的喜好和欲望。我认为，中性状态其实是一种完美的状态。只要不沉溺于自己的想法、不执着于自己的欲望，你就可以获得快乐。[4]

人生转瞬即逝，如黑夜中的萤火虫。尘世光阴等刹那，白驹过隙一瞬间。活着就是要充分利用每一分钟。"充分利用"不是说要穷尽所有时间去追逐一些愚蠢的欲望，而是要认识到自己在这个星球

上的每一分每一秒都是非常宝贵的。生而为人，就有责任确保自己
的幸福，确保用最好的方式诠释万事万物。[9]

> 我们都认为江山易改，本性难移，但事实是，我们是可塑的，
> 而世界基本上是固定不变的。

练习冥想能帮助你接受现实吗？

可以，但作用其实微乎其微。（大笑）即使你长期练习冥想，但
有人说错了话，刺激到你，你的平和状态也可能瞬间被打破，再次
回到受自我驱动的状态。这就像当你还在练习举 1 磅①的哑铃时，突
然有人给你加了一个巨大的杠铃，还在你头上放了一摞盘子，这自
然令你难以招架。

冥想当然比什么都不做要好。但即使练习冥想，当真正的精神或
情感痛苦到来时，你也难有招架之力。[8] 所以，真正的幸福只是内心
平和的副产品，主要还是源于接受现实，而不是改变外部环境。[8]

> 理性很强的人可以通过训练自己的无感反应获得平和，即学会
> 漠视自己无法控制的事物。

---

① 1 磅 ≈ 0.45 千克。——编者注

我降低自己的身份感。

我屏蔽脑海中的噪声和杂念。

我不在乎那些无关紧要的事。

我不参与政治。

我远离郁郁寡欢的人。

我珍惜光阴。

我阅读哲学作品。

我进行冥想练习。

我和快乐知足的人交往。

这些方法很有效。

可以有条不紊、循序渐进地稳步提高自己的幸福基线，就像提高身体素质一样。[10]

幸福是一种选择

> 幸福，爱，激情……这些都不是我们追寻的事物，而是我们做出的选择。

幸福是一种选择，是一种可以培养的技能。

大脑就像身体一样，是可塑的。我们花费大量时间和精力，努力改造外部世界，改造他人，改造自己的身体，却没有考虑过改造自己的大脑，只是简单地接受了年轻时被塑造的自己。

我们无条件地听从自己脑海中的声音，以为这个声音就是一切真理的来源。殊不知，大脑也是可塑的，每一天都是崭新的。记忆和身份只是来自过去的负担，让我们无法自由自在、心无旁骛地活在当下。[3]

幸福需要活在当下

在任何时候（比如走路的时候），大脑都只有很小一部分是关注当下的。大脑把主要精力用于规划未来或悔恨过去。这样的运行机制让人无法获得绝妙的体验，无法欣赏周遭一切事物的美妙之处，无法因为现状常怀感恩之心。如果每天都沉浸在对未来的规划和幻想中，那就是在亲手扼杀自己的幸福。[4]

> 我们渴望那些让我们能感知当下的体验，殊不知，这样的渴望却让我们脱离了当下。

我认为，过去就是过去了，没有回忆，没有遗憾，没有放不下的人，没有忘不掉的旅行。既往不恋。人之所以感到痛苦，很多时候是因为拿以往和现在做比较。[4]

> 以往种种未能实现的欲念会带来现在的缺憾感，而我们又将弥
> 补现实缺憾的希望寄托于未来。消除缺憾感会让人更容易活在
> 当下。

关于"开悟"，我读到过一个很好的定义："思考的间隙即开悟。"意思是说，开悟不需要在山顶修行 30 年，而是一个时时刻刻都可以达到的境界。你每天都可以提高自己的开悟水平。[5]

> 你有没有想过，现在的生活可能就是上帝承诺给你的天堂，而
> 你却毫不珍惜，肆意挥霍？

幸福需要心境平和

幸福感与目的感是相互关联的吗？

人们赋予"幸福"太多内涵，我都不确定这个词是什么意思了。对现在的我而言，幸福的本质更倾向于平和，而不是快乐。我觉得平和与目的无法共存。

如果你是在追随内在的目的，做自己想做的事情，那么你自然会觉得幸福。但如果目的是外界强加给你的，你做的是不得不做的事情，如"社会希望我做这件事"，"爸爸是爷爷的长子，我又是爸

爸的长子，因此我必须这样做"，"我欠债了，负担很重，必须努力"，等等，那么你是不会幸福的。

我觉得，大多数人都有如影随形的轻微焦虑感。有时你四处奔忙，感觉状态一般。这时，如果停下来感知一下自我，你就会发现大脑在一刻不停地念叨。又或许，你就是没有办法安静地坐下来。即使身体坐下来了，你的大脑也会一直想着"下一步"应该做什么。

事情总是一件压着一件，处理完这件，下一件会接踵而至，永远有做不完的事，所以焦虑感才会普遍存在。

如果你找个地方坐下来，尝试着什么都不做，这个时候，焦虑感是最明显的。我说的什么都不做，是不要读书，不要听音乐，不要做任何事情，只是坐着。只是这一件事，你就做不到，因为焦虑感会让你如坐针毡，会不停地催促你站起来去做事。所以，很重要的一点就是，你要意识到，是焦虑感让你感到不快乐。而这种焦虑感源于一连串不断涌现的想法。

我应对焦虑的方法就是不与之对抗，让自己意识到这种焦虑感源于脑海中此起彼伏的想法。然后，我会问自己："我是想一直执着于这些想法，还是想重获内心的平静？"如果大脑中一直存在各种各样的想法，我就无法获得平静，所以，答案是显而易见的。

你也注意到了，我说的"幸福"，指的就是拥有平和的内心。很多人说的幸福指的是开心快乐，但于我而言，幸福就是内心的平和。[2]

> 幸福的人并不是时时刻刻都快乐的人。
>
> 幸福的人是可以轻松地以特定的方式诠释事件、保持内心平和
>
> 的人。

欲望	不得到我想要的东西，我是不会快乐的
就是你跟自己的约定	☐ 你 ☐ 想要 ☐ 什么

欲望是主动选择的不开心

我觉得人类最常犯的一个错误就是，认为自己会因外部环境变化而获得幸福。我不这样认为。我知道我的想法并非原创，也不新颖，这并不是我的总结，而是佛学的终极智慧。我是最近才从根本层面上理解这种智慧的，也认识到自己过去对"幸福"的理解有偏差。

举例来说，我买了一辆新车，现在等着提车。我自然会很关注这件事，每天晚上都上论坛查看、研究相关信息。我为什么要这样做？只是一辆普普通通的车，不会给我的生活带来什么实质性改变。我知道，只要车一到手，我就不会再关注它了。问题的关键在于，我沉迷于对外物的"欲望"。我对外部事物会带给我幸福和快乐的执念其实是一种痴念。

从根本层面上看，从自身以外的事物中寻求幸福，本身就是缘木求鱼。当然，我并不是说物质世界不重要。作为一种社会性动物，人需要去履行一些社会职责。人的一生就是在力所能及的范围内减少无序状态，即所谓"局部熵减"，这是你的人生责任。

每个人都有自己的责任。我们生活在这个世界上，不可能每天躺在沙滩上冥想。人需要实现自我价值，应当承担起属于自己的职责和使命。

如果认为通过改变外部世界就能获得内心的平静、永久的开心、应得的幸福，那本质上就是痴心妄想。每个人都深受这种想法的毒害，包括我自己。我们一遍又一遍地坚持着自己的执念，认为"等得到那个东西，我就快乐了"。这就是一个我们时时刻刻都在犯的根本错误。[4]

我们的根本错觉是：总有一样东西会让我一直满足、永远快乐。

欲望就是你跟自己的约定，约定的内容是：不得到我想要的东西，我是不会快乐的。我觉得大部分人都没有意识到，这就是欲望的本质。我们每天都生活在欲望中，又奇怪为什么自己不快乐。我已然认识到，欲望是我痛苦的来源。所以，我会对欲望保持清醒，这样我就可以慎重选择自己的欲望。我的目标是，无论在什么情况下，都尽量不让自己对生活有一个以上的欲望。当然，我知道，即使只选择一个欲望，我也是在自寻烦恼。[5]

> 欲望就是你跟自己的约定，约定的内容是：不得到我想要的东西，我是不会快乐的。

最近我明白了一个道理：相较于做一些不是自己百分之百想要做的事情，努力调整欲望更重要。[1]

人在年富力强的时候，能做的事情更多。做得越多，欲望越多。你没有意识到，这种模式正在破坏你的幸福。我发现，人越是年轻，身体越好，幸福指数越低。随着年龄的增长，身体没那么好了，幸福指数反而提升了。

年轻的时候有时间、有健康，但没有钱。到了中年，有钱、有健康，但没有时间。老了以后，有钱、有时间，但没了健康。人生的大赢家就是同时拥有时间、健康和金钱。

等到人们觉得自己已经拥有足够的金钱时，他们却失去了时间和健康。[8]

成功不一定带来幸福

> 幸福就是满足现状。
>
> 而成功源于对现状的不满，是对现状的改造。
>
> 两者只能选一个。

有人说，人有两次生命，第二次生命始于你意识到生命只有一次的那一刻。你的第二次生命是何时开始的？又是怎样开始的？

这是一个非常深刻的问题。大多数人到了一定的年纪都会有这种感受。他们以某种方式生活，到达了一定的人生阶段后，不得不做出巨大的改变。我就属于这类人。

我花了很多时间奋力拼搏，就是为了获得物质上的成功和社会的认可。得到之后（至少当这些东西对我来说已经没有那么重要的时候），我意识到，身边跟我一样成功或正在奋力取得更大成功的人，似乎并没有那么幸福。我个人的经验完全符合享乐适应理论：再好的东西，我也很快就习惯了，它们无法再带给我刺激或愉快的感觉了。

于是我得出这样一个结论：幸福是一种内在感受。这句话听起来像老生常谈，但正是由于这个结论，我开启了一场自我对话、自我完善之旅，这让我意识到，所有真正意义上的成功都是内在的，与外部环境关系不大。

当然，有些事情还是必须做的，这是由人的生物性和社会性决定的，不是一个按钮就能关掉的。当你获得属于自己的人生体验时，这种体验会把你带回内在之旅。[7]

> 当我们对一个游戏尤其是回报很大的游戏逐渐上手时，一个问题就会出现——你会沉迷其中，无法停止，即使这个游戏对你来说早已过于简单。
> 生存和繁衍的本能驱使人们劳作，而享乐适应让我们步履不停。
> 幸福的秘诀在于，知道何时停下劳作的脚步，开始随心去玩耍。

谁是你心目中的成功人士？

大多数人对成功人士的定义都是赢得游戏的人，无论是什么游戏。如果你是运动员，你眼中的成功人士就是顶级运动员。如果你经商，你眼中的成功人士也许就是埃隆·马斯克。

几年前，我会说我眼中的成功人士是史蒂夫·乔布斯，因为他参与推动的创新项目改变了全人类的生活方式。马克·安德森在我看来也是成功的，不是因为他最近摇身一变，成为风险投资人，而是因为他创立了卓越的网景公司。还有创造了比特币的中本聪，比特币是一项了不起的技术创造，其影响要延续至未来几十年。当然，还有埃隆·马斯克，他改变了大众对现代科技和创业可能性的认知。

我认为，这些能成功实现商业化的人都是成功人士。

对现在的我来说，真正的赢家是那些已经完全退出游戏的人，甚至根本不玩游戏的人，是那些已经超越了游戏的人。这些人的内心无比强大，有极强的自控力和清醒的自我意识，他们不需要从任何人那里获得任何东西。这样的人我也认识几个，比如耶日·格雷戈雷克。他就不需要任何人为他提供任何东西。他内心平静，身体健康，无论赚的钱跟别人相比是多还是少，他的心理状态都不会受到影响。

纵观人类历史，传奇的佛陀和克里希那穆提在我看来都是成功的。我喜欢阅读与他们有关的作品。我之所以认为他们成功，是因为他们完全退出了游戏，输赢对他们来说并不重要。

布莱士·帕斯卡说过："人之所以有烦恼，是因为他不能独自安静地在一个房间里坐着。"如果你能坐上 30 分钟，同时保持幸福的心境，你就是成功的。这是一种超然物外的境界，不过极少有人能做到。[6]

我认为，幸福的自然属性是平和。如果你身心宁静平和，那么你终将得到幸福。但是，平和的心境是很难获得的。颇具讽刺意味的是，我们大多数人都试图通过斗争找到平和。在某种程度上，创业就像打仗。当你和室友争论谁该洗碗的时候，你们也是在打仗。它们都是试图通过现阶段的挣扎换取日后的些许安全与平和。

在现实生活中，内心的平和状态不是一劳永逸的，也不会是一成不变的。心理状态总在不断变化。在大多数情况下，接受并顺应现实，是获得幸福的核心技能。[8]

> 基本上你可以从生活中得到自己想要的一切，但前提是，你的
> 目标只有一个，而且你对这件事的渴望超过其他一切。

就个人的经验而言，我最想要的就是内心的平和。

平和是静态的幸福，幸福是动态的平和。只要愿意，你就随时可以把平和激活，使之变成幸福。但是大部分时间你想要的其实是被封印的幸福，即平和。如果你是一个内心平和的人，那么无论做什么事你都可以获得幸福的体验。

人们以为，获得平和心境的方式是解决所有的外部问题。但外部问题是无穷无尽的。

因此，获得内心平静的唯一方法是摒弃"问题"这个概念。[77]

嫉妒是幸福的敌人

我认为，生活本身没有那么难，是我们自己把生活变难了。我在生活中努力摆脱"应该"这个词。当"应该"在脑海中出现时，其背后隐藏的是负罪感或社会规训。如果做一件事是因为"应该"，那就表示你内心是不想这么做的，而违背自己的心意会让你变得痛苦不堪。因此，我努力在生活中减少"应该"做的事。[1]

> 内心平和的敌人是社会和其他人灌注给你的期望。

社会告诉我们："快去锻炼吧。好好打扮吧。"这是一场多人竞争的游戏，我们做得好不好会受到别人的检视。社会还告诉我们："快去赚钱吧。去买栋大房子吧。"这又是一场外在的多人竞争游戏，参与游戏的人也会受到别人的检视。而训练自己获得幸福感完全是内在的，不需要外界评判你的进展，认可你的结果。你是在跟自己竞争，这是一场单人游戏。

人类和蜜蜂或蚂蚁一样是社会性生物。我们遵从一定的社会规则，受到社会反馈的驱动。结果就是，我们已经不知道如何玩儿和赢得这些单人游戏了。我们完全投身于多人游戏的竞争。

而现实是，生活就是一场单人游戏。人独自出生，独自死亡，独自解读人世间的一切。你的记忆只属于你一个人。你出生前无人在意，你离开人世后也无人在意，你存在于人世间只是短短几十年，人生就是一场单人游戏。

> 瑜伽和冥想很难坚持的一个重要原因也许就是，它们只关乎内心，没有外在价值，属于纯粹的单人游戏。

巴菲特曾经提出这样一个问题，你是想成为世人眼里最差但自己心里最好的情人，还是想成为世人眼里最好但自己心里最差的情人？这个问题就是一个很好的例子，它说明存在内在和外部两套评价标准。

这个问题完全抓住了重点，即所有真正的评价标准都是内在的。嫉妒是一种很难克服的情绪。我年轻的时候嫉妒心很强。随着阅历的增加，我逐渐学会了克服嫉妒，当然，嫉妒仍会时不时地冒出来。嫉妒是一种有害的情绪，因为归根到底，它并不能改善你的生活，只会让你不快乐，而你嫉妒的那个人仍然是成功的、美丽的，仍然拥有你所嫉妒的一切。

直到有一天，我意识到，我嫉妒别人，只是嫉妒他们的某些方面，而我不可能只拥有我嫉妒的那些东西。我不能只想要那个人的身材、财富或个性。如果要交换人生，我就必须接受对方全部的人生，包括他的反应、欲望、家庭、幸福感、人生观、自我形象等各个方面。你可以接受吗？如果你不愿意与别人进行百分之百的交换，嫉妒就毫无意义。

当我意识到这一点时，嫉妒心瞬间就消失了，因为我不想成为其他任何人。我很高兴我是我自己。顺便说一下，即使是"开心做自己"这件事，也在我的掌控之下，只是社会不会因此给我任何奖励。[4]

幸福源于好习惯

在过去的 5 年中，最让我意外的发现是，获取平和与幸福其实是一种技能，这种技能不是与生俱来的。当然，基因会决定一个人感受的上限和下限，环境也会产生较大的影响，但个体可以突破环境的塑造，主动进行自我重塑。

幸福感是可以逐渐增加的，而要做到这一点，首先要相信自己可以做到。

获取幸福是一种技能，就像懂得营养搭配是一种技能，节食减肥是一种技能，锻炼是一种技能，赚钱是一种技能，与异性交往是一种技能，拥有良好的人际关系是一种技能，爱也是一种技能一样。要掌握这些技能，首先要认识到技能是可以通过学习获得的。一旦下定决心学习技能，你的世界就会变得更加美好。

> 工作时，和比自己更成功的人在一起。
> 玩耍时，和比自己更快乐的人在一起。

幸福是一种什么样的技能？

要掌握获取幸福这个技能，你需要不断试错，通过亲身体验找到哪些方法有用。比如，你可以试试坐姿冥想，它对你有用吗？是密宗冥想有用，还是内观冥想有用？是需要 10 天的静修，还是 20 分钟就够了？

如果这些冥想都不管用，那就试试瑜伽、冲浪、赛车或者烹饪。去尝试各种各样的事情，看哪件事能让你进入禅定状态。你必须广泛尝试，直到找到适合自己的事情。

在精神疾病的药物治疗中，安慰剂效应是百分之百存在的——只要病人相信药物有效，就算吃的是安慰剂，也能缓解病情。因此，想要改善心境，你需要主动尝试不同的方法，而不是顾虑重重，自我封闭。对于任何针对心灵的方法，你都应该保持开放的心态，但试无妨。

例如，前段时间我读了埃克哈特·托利写的《当下的力量》。这本书介绍了如何活在当下，内容非常精彩，对没有宗教信仰的人来说尤其有用。托利认为，人生最重要的事情就是活在当下。为了让读者真正理解，他在书中苦口婆心地反复陈述了这个观点。

书中介绍了一种身体能量练习，就是平躺下来，感知能量在身体四周流动。要是放在以前，读到这里我肯定把书扔到一边去了，因为我会觉得这纯属一派胡言。但是，现在的我不一样了。现在的我会想："也许心诚则灵。"于是，我以积极的心态尝试了一下身体能量练习。我躺下冥想，结果获得了特别好的体验。

我们该如何打造获取幸福的技能？

可以通过养成好习惯来获取。不喝酒、不吃糖可以提高情绪的稳定性，远离社交媒体（脸书，Snapchat 和推特）也可以提高情绪的稳定性。玩电子游戏会带来短暂的快乐（我一度痴迷于游戏），但会摧毁长期的幸福。喝咖啡也属于用长期健康换取短期兴奋。这些不受你控制的外界因素会刺激你体内多巴胺的分泌，刺激因素一旦消失，多巴胺水平就会下降。

从本质上讲，生活的过程就是用精心培养的好习惯替换那些在不经意间养成的坏习惯，努力成为一个更幸福的人。你的幸福指数最终取决于你的习惯和你花最多时间与之相处的人。

先说习惯，小时候，我们是没有什么习惯的。后来，我们知道了哪些事情不能做，拥有了自我意识，开始养成习惯和行为模式。

随着年龄的增长，有些人的幸福感越来越强，而有些人变得越来越不快乐，一个重要的原因就是，两类人群习惯不同。在选择习惯的时候，你需要考虑清楚：这是能增加我的长期幸福感的习惯吗？

再说一下你花最多时间与之相处的人。你可以试着回答这些问题：他们都是积极乐观的人吗？维系跟他们的关系需要耗费很大的心力吗？我是否对他们心怀钦佩和尊敬，毫无嫉妒之心？

"五只黑猩猩理论"讲的是，通过观察最常与一只黑猩猩一起玩耍的五只黑猩猩，你就能准确预测这只黑猩猩的行为方式。我觉得这一理论也适用于人类。这也是为什么我们在选择朋友时一定要明智，道理的确如此。不能因为一个人恰好是你的邻居或同事，你就不加选择地跟他成为朋友。最幸福和最乐观的人会选择五只正确的黑猩猩做朋友。[8]

处理冲突的首要原则是，不要和经常参与冲突的人在一起。我对任何不可持续甚至难以维系的事情都不感兴趣，包括人际关系。[5]

> 如果不想跟一个人共事一生，那就一天都不要和他共事。

我有个伊朗朋友叫贝赫扎德，他热爱生活，无暇理会不快乐的人。

如果你问贝赫扎德有什么幸福的秘诀，他只会抬头望天，然后说："停止追问，开始欣赏。"世界如此神奇，而人类却对此如此麻木，习惯把一切都视为理所当然。就像此刻的你我，身处室内，衣食无忧，可以跨越空间相互交流。我们应该感恩所有，因为如果不是现代文明，我们可能还只是猴子，坐在丛林里，看着太阳落山，不知道晚上栖身何处。

如果贪心不足，当有所得时，我们就会认为这本是世界欠我们的。反之，如果活在当下，怀有感恩之心，我们就能觉察到被赐予了丰厚的礼物，时刻都被无穷无尽的财富围绕着。要获得幸福感，真正需要的就是拥有这种觉知。此时此刻，我就在这里，这么多不可思议的东西都能为我所用。[8]

获得幸福最重要的诀窍之一就是，认识到这是一种你可以锻炼的技能，是一个你可以做出的选择。也就是说，一个人可以选择幸福，并为之奋斗。这跟选择减脂增肌、为事业奋斗、学习微积分没什么两样。

"幸福对我来说很重要"——这是一个决定。这时，你会把幸福感置于人生一切事务的首位，你会花时间研究与幸福相关的探讨。[7]

幸福习惯

我有一系列可以帮助我活在当下、提升幸福感的技巧。刚开始，这些技巧看上去有些傻里傻气，很难掌握，需要集中注意力才能做到。但现在，大部分技巧已经成为我的第二天性。我认真虔诚地运用这些技巧，成功地提高了自己的幸福指数。

效果最明显的技巧是洞察冥想。我在冥想时有一个明确的目标，就是弄清楚自己的思维是如何运转的。[7]

其实就是时时刻刻都保持洞察。如果我意识到自己正在对别人评头论足，我就会停下来自问："我能不能正面解读这件事？"我过去常常因为一些事情感到恼火，但现在总会尝试看到积极的一面。刚开始，我可能需要花几秒钟，动用理性分析才能想出一种积极的解读方式。现在，不到一秒钟我就可以完成。[7]

我努力让更多阳光照射在自己的皮肤上。我心中敞亮，抬头微笑。[7]

每当意识到自己对什么东西产生了欲望时，你可以自问："这个东西对我来说真的那么重要吗？我至于因为这件事不合我意就感到不开心吗？"在大部分情况下，你会发现，这个东西对你来说其实并没有那么重要。[7]

我觉得戒掉咖啡因提高了我的幸福感，因为我的情绪更稳定了。[7]

我认为每天锻炼让我更快乐了。身体健康，内心就更容易平和。[7]

对周遭评判得越多，自我就越膨胀。在某个瞬间，你状态极佳，因为此时你自我感觉良好，觉得自己比别人强。过了一会儿，你就会被孤独感吞噬，目之所及都是烦恼。这个世界是一面镜子，会把你的感受反射给你。[77]

告诉你的朋友你是一个幸福的人，这样你就不得不表现出幸福的状态。一致性偏见此时便会发挥作用，因为你得言出必行，过得符合自己的描述。你的朋友也会期待你是一个幸福的人。[5]

尽量不要使用电话、日历和闹钟这三个手机应用程序，重获时间和幸福感。[11]

你的秘密越多，幸福感就越低。[11]

陷入惶恐怎么办？用冥想、音乐和运动重新调整情绪。然后把让你感到惶恐的事情放下，选择新的事情，把情绪能量投入其中。

人造物品（汽车、房子、衣服、金钱）比自然物品（食物、性、运动）更容易导致享乐适应。[11]

看屏幕的时间越长，幸福感越低；看屏幕的时间越短，幸福感越高。[11]

幸福指数的个人衡量标准是，一天中你有多少时间用于履行职责，而不是追随兴趣。[11]

新闻的目的就是让人感到焦虑和愤怒。但新闻背后的科学、经济学、教育和冲突趋势是有积极意义的。要保持良好的心境、乐观的心态。[11]

政治、学术和社会地位都是零和游戏。正和游戏才能造就积极向上的人。[11]

阳光、运动、正向思考和色氨酸，这些不是药物，但都可以增加大脑中的血清素，使人始终保持健康、清醒、积极、乐观。[11]

如何改变习惯

选择一件事情，许下一个愿望，并使其具象化。

规划一条可持续的路径。

确定需求、诱因和替代品。

把自己的规划告诉朋友。

一丝不苟地稳步前行。

自律是通向新的自我形象的桥梁。

全面接受新的自我形象，这就是现在的你。[11]

> 这就是改变习惯的步骤：首先，知道自己要做什么；其次，知道该怎么做；再次，把规划告诉朋友，让一致性偏见发挥作用；最后，严格自律，知行合一，进行自我重塑，直至蜕变成全新的自己。

于接受中寻找幸福

在生活中，无论面对何种状况，你都有三种选择：改变现状，接受现状，逃避现状。

试图改变现状是一种欲望。在成功改变现状之前，欲望会让人感到痛苦。所以不要总想着去改变外部环境。在任何特定的时间段，只选择一个最有价值的欲望，作为自己的奋斗目标和动力之源。

为什么不能同时选择两个欲望？

因为这样会让人分心。

即使追求一个欲望，也已经很难了。平静的内心源于毫无杂念的大脑。而消除杂念，很大程度上依赖于活在当下。如果你一直在想，"我需要这样做，我想要那个东西，这种情况必须改变"，你就很难保持心态平和。[8]

再次强调，无论面对何种状况，你都有三种选择：改变现状，接受现状，逃避现状。很多人在遇到问题时会踟蹰不前，陷入空想：希望改变现状却没有横下一条心去改变，希望转身离开却没有毅然决然地离去，同时又不能心平气和地接受现状。这种纠结和回避的态度正是人生中大部分痛苦的来源。我在脑海里对自己说得最多的就是两个字：接受。[5]

你所谓的"接受"是什么样子的？

所谓接受，就是无论结果如何，都可以泰然处之；就是保持心态平衡，大脑专注；就是退一步海阔天空；就是观大势，顾全局，谋长远。

人生不如意事十之八九。但是，该来的终归要来，有时，正在发生的也许就是最好的。我们越早接受现实，就能越早适应现实。

达到"接受"的状态是很难的。我尝试了几个小方法，但不敢说每个方法都百分之百有用。

一个方法是退后一步，回顾经历过的痛苦。我还会把这些痛苦写下来：上次分手，上次生意失败，上次健康出问题，后来都发生了什么？这样我就可以看到在随后的几年里我的成长和进步。

另一个应对小挫折的方法就是换个角度看问题。当我遭遇挫折时，部分自我会立即做出消极反应。但现在我已经学会自问："这种情况有什么积极的意义吗？"

比如，开会要迟到了，这件事对我有什么好处吗？好处就是我可以放松一下，看鸟观云。而且，我也可以少花一些时间在那个无聊的会议上。任何事情都有积极的一面。

就算找不到积极的意义，你也可以这样想："宇宙现在要给我上一课了，我要认真听讲，好好学习。"

举个最简单的例子，我参加了一个活动，后来主办方往我的邮箱里发了一大堆照片。

我的第一反应就是："搞什么鬼，就不能挑几张好的发给我吗？谁会给别人邮箱发100多张照片？"但是我会马上问自己："这件事有积极的一面吗？"积极的一面就是，我可以选择自己最喜欢的5张照片，我可以靠自己的判断力来选择了。

过去一年，经过勤奋练习，我已经成功地降低了自己的反应时间。最开始我需要花几秒钟才能找到一件事的积极面，现在，我的大脑几乎瞬间就能做出反应。这是一个可以训练自己去养成的习惯。[8]

如何学会接受无法改变的事情？

从根本上说，就是学会坦然面对死亡。

死亡是人的一生中最重大的事情。人终有一死，选择正视、承认死亡而不是逃避死亡，将赋予人生巨大的意义。我们在一生中会花费大量时间试图逃避死亡。我们的很多奋斗目标都可以归结为对永生的追求。

如果你有宗教信仰，相信有来世，那么你会相信你将得到照顾，无须担心身后事。如果你不信宗教，也许你会生孩子，把自己的基因传承下去。如果你是一位艺术家或画家，你会想要留下自己的艺术作品。如果你是商人，你会想要留下一笔商业遗产。

但是，在这里我要特别提醒一下，其实，我们没有什么遗产，没有什么可以留下的，也没有什么会永垂不朽。我们都会离开这个世界，我们的孩子也会离开这个世界；我们的成就终将化为尘土，人类文明也会化为尘土；我们的地球将变成尘埃，太阳系也会化作尘埃。从宏观角度看，宇宙已经存在了100亿年，并将继续存在100亿年。

相对于宇宙，你就像一只在夜空中闪烁的萤火虫，你的生命转瞬即逝。如果能彻底认识到你所做的一切不过是徒劳，你就能获得巨大的幸福感和平和感，因为你会意识到，生命不过是一场游戏。但生命是一场有趣的游戏。在这场游戏中，唯一重要的事情就是，随着生命的展开，你要不断地体验现实。既然如此，你为什么不以最积极的方式去诠释自己经历的一切呢？

你那些不开心的时刻、没有享受人生的时刻，不会给任何人带来任何好处。宇宙的幸福值并不是恒定的，别人不会因为你不幸福而变得更加幸福。你在地球上所拥有的时间稍纵即逝，无比宝贵，你一定要好好珍惜。你要把直面和正视死亡放在第一位。人的一生，不否认、不回避死亡是极其重要的，因为这是你学会坦然接受无法改变的事情、活在当下的本原。

每当陷入自我斗争时，我就会回想所有曾经辉煌、后遭覆灭的文明。以苏美尔人为例，我敢肯定，苏美尔人中有过很多重要人物，他们取得了很多伟大的成就。但是，你现在能想起任何一个苏美尔人的名字吗？你能想到苏美尔人做过什么有趣或重要的事情吗？你肯定什么都想不到。

所以，也许 1 万年、10 万年后，人们会说："哦，对，美国人，我听说过美国人。"[8]

人固有一死，死后万事皆空。所以，好好享受生命吧。对社会做一些积极的贡献。向世界主动释放和传播爱。给他人带来快乐和幸福。让生活多一些笑声。珍视眼前的每个瞬间。承担使命，尽职尽责，不枉此生。[8]

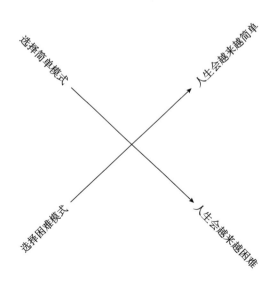

第四章
自我救赎

医生不能让你健康。

营养学家不能让你苗条。

老师不能让你变聪明。

禅师不能让你冷静。

智者不能让你富有。

教练不能让你健壮。

最终，你必须自己负起责任。

救赎靠自己。

选择做自己

当今社会存在的一个普遍现象，也是许多人此刻正在做的事情，就是苦苦挣扎，自我鞭策："我需要做这件事，我需要做那件事，我需要……"不，你什么都不需要做。

你唯一应该做的事，是你自己想做的事。别人总希望你以特定的方式做事，但如果不再费心去揣摩别人的期待，你就能听到自己脑海中那个微弱的声音。那个声音代表了你真实的想法。倾听它，你就可以做自己了。

> 我从未亲眼见过那位伟大的导师。我一度极其渴望成为他那样的人。但是，他传达给我的信息恰恰相反：做自己，全情投入、义无反顾地做自己。①

在"做自己"这件事情上，没有人能与你竞争。你永远不会像我一样擅长做我自己，我也永远不会像你一样擅长做你自己。当然，做人要虚心聆听，博采众长，但不要盲目模仿。模仿他人纯属徒劳。相反，每个人都有独一无二的资质技能、专业知识、能力才干、个人欲望，这些是世界上其他人所没有的，是先天基因和后天经验共同作用的结果。

> 先天基因和后天经验的组合会造就个体惊人的独特性。没有任何两个个体可以互相替代。

----

① 该推文发表于 2011 年 10 月 10 日，乔布斯逝世后第五天。——编者注

你的人生目标是找到最需要你的人、事业、项目或艺术。大千世界，芸芸众生，总有一些人和事会与你完美契合。不要基于别人正在做的事为你自己列清单、做决策。你永远不会成为他们，你永远都不擅长做另一个人。[4]

> 要做出原创性贡献，必须非理性地痴迷。

选择关爱自己

我生活中的第一要务是我的身体健康。对我来说，健康的重要性高于幸福，高于家庭，高于工作。我的身体健康是一切的起点，排在第一位，紧随其后的是我的心理健康和精神健康。接着是家人的健康和幸福。在确保了这些之后，我就可以按照自己的意志在这个世界上自由活动了。[4]

> 健康问题是对人生影响最大的问题。

作为一种高级动物，人类应该遵循符合自然规律的生活方式，现代社会是如何让我们逐渐背离了应有的生活方式的？

这种背离体现在方方面面。

从生理层面看，现代人的饮食结构不符合进化的目标。正确的饮食结构应该更接近旧石器时代，以蔬菜为主，辅以少量的肉类和浆果。

就运动而言，人类更应该去户外玩耍活动，而不是在跑步机上挥汗如雨。在正常的进化过程中，我们本该更均衡地使用视觉、听觉、嗅觉、味觉、触觉这五种感官，而不是如此侧重视觉。在现代社会，几乎所有的输入和交流都依靠视觉。我们在走路时本不该穿鞋，很多背部和脚部问题都是穿鞋造成的。我们不应该一直穿着衣服来保持身体的温度，而应该不时接触冷空气，因为寒冷可以激活人体的免疫系统。

我们本不该生活在一个完全无菌、彻底干净的环境中，因为这种环境无法有效训练人体的免疫系统，进而导致过敏频发，这就是所谓的"卫生假说"。我们应该一直生活在成员众多、子孙满堂的部落式大家庭中，因为这样的家庭模式有利于心理健康。我在印度长大，印度的家庭规模一般都很大，你会和堂兄弟姐妹、姑姑、叔叔等亲人生活在一起，很少有独自待着的时候，所以一般不会抑郁（我说的不是因体内化学物质水平变化导致的抑郁，而是青少年会普遍经历的存在主义焦虑和不安）。但另一方面，生活在这样的家庭里，你没有隐私，因此无法获得自由。凡事有利必有弊。

我们本不该每5分钟就拿起手机查看一下社交媒体。当看到别人给我们点赞时，我们会很开心，如果别人留下一句愤怒的评论，我们就会很生气。情绪上的大起大落让我们无比焦虑。生物进化的目标本来是适应物质的匮乏。为了应对匮乏，基因决定了我们看到糖分、酒精、毒品就难以抗拒，遇到亲密关系也无法拒绝。但是，现代人生活在一个富足的世界里，面对琳琅满目、应有尽有的一切，当我们的基因一直在说"要要要"的时候，我们本该拒绝，但我们的身体已经不知道如何说不了。所以，在现代社会，我们逐渐背离了符合自然规律的生活习性，形成了病态的生活方式。[8]

> 当所有人都有病时，我们就不认为这是一种病了。

饮食

> 除了数学、物理和化学，并没有什么"科学定论"。所以，关于"最佳饮食"问题，我们一直争论不休。

你如何看待生酮饮食法？

我觉得生酮饮食法很难被人们普遍接受和坚持。人的大脑和身体存在备用机制，大自然的这种设计是有意义的。例如，在冰期，人类在没有很多植物可供食用的环境中进化。后来，在备用机制的作用下，人们选择多种植物作为自己的食物。到现在，人类食用植物已有几千年的历史。我虽然并不认为植物对身体有害，但我感觉接近原始的饮食结构应该更好。

我觉得糖和脂肪的相互作用非常有意思。给人带来饱腹感的食物是脂肪，因此，高脂肪的食物容易让人吃饱。产生饱腹感最简单的方法就是进行生酮饮食，大量吃培根，吃到恶心、想吐，吃到你再也不想看到脂肪了。

让人产生饥饿感的食物是糖。糖会给你的身体发出这样的信号："在我们进化的环境中竟然有这么好的食物资源。"于是你会迫不及待地摄取糖分。问题在于，糖效应凌驾于脂肪效应之上。在高脂高糖的饮食中，糖会让人产生饥饿感，脂肪会提供卡路里，从而导致暴饮暴食。这也是为什么所有的甜点都含有大量的脂肪和碳水化合物。

在自然界中，集合了脂肪和碳水化合物的食物较为罕见，椰子、杧果、香蕉等水果属于这类食物，但它们基本上都是热带水果。糖和脂肪的结合是致命的，在饮食中我们必须注意避免摄入此类食物。

我不是专家。但问题是，饮食和营养就像政治一样，每个人都认为自己是专家。因为他们认为饮食关乎身份，所以他们吃的东西或者他们认为应该吃的东西显然应该是正确的答案。关于饮食，每个人都有自己的理念，很难达成共识。我只想说，一般来说，任何合理的饮食都会避免糖和脂肪的混合摄入。[2]

膳食中的脂肪会带来饱腹感，糖会导致饥饿感。但糖效应占据主导地位，所以我们需要相应地控制自己的食欲。

大多数身体健康的人更关注自己吃什么，而不是吃多少。控制质量比控制数量更简单易行，而且控制质量也在一定程度上控制了数量。[11]

颇具讽刺意味的是，禁食（以低碳水化合物或旧石器时代的食物为主）比控制饮食更容易。身体一旦检测到食物的信号，生物本能就会掌控大脑发出指令。[11]

我一直很好奇，神奇面包是如何做到在室温下存放数月依然保持柔软的。如果连细菌都不吃这种面包，你觉得你应该吃吗？[11]

五千年已经过去了，我们还在争论是肉有毒还是植物有毒。我们要做的是，停止这种毫无意义的讨论，抛弃极端主义者的观点，而且不要食用过去几百年内发明的任何食物。[11]

任何涉及药物和营养的问题，都要先做减法，再做加法。[11]

我的教练有时会给我发他吃饭的照片。他吃的东西非常简单清淡，这让我意识到，我们都已经口味成瘾了。[11]

世界上最简单的饮食原则：食物加工程度越深，就应该越少摄入。

运动

锻炼越卖力，一天越轻松。

你认为哪种运动习惯对你的生活有最积极的影响？

晨练。晨练完全改变了我的人生。晨练让我感觉更健康、更年轻。为了晨练，我得早早起床，这样我就不能太晚回家了。想要养成晨练的好习惯，其实很简单。但是，基本上，无论你什么时候跟别人分享所谓的好习惯，他们都会给自己找到借口，最常见的借口就是"我没时间"。表面上说的是"我没时间"，但其实说的是，"这对我来说不是优先事项"。到底要不要做，就要看这件事是不是你优先考虑的事项。如果一件事是你的首要任务，你就会去做。生活就是这样。如果你有 10 个或 15 个不同的优先事项，都不分主次地被丢到同一个筐里，那就等于没有优先级，最终你一件事都做不成。

我所做的就是，认定我生命中的第一要务是自己的身体健康，这件事的优先级高于我的幸福，高于我的家庭，高于我的工作。一切始于身体健康。[4] 我把身体健康放在第一位，所以我永远不会以"没时间"为理由不去健身。基本上我每天都坚持晨练，不管多长时间，我都会坚持，雷打不动。如果这一天没有晨练，我就不会开始工作。即使是山崩地裂、世界末日我也不管，世界可以再为我等上30 分钟，直到我完成晨练。

我几乎每天早上都锻炼，只有个别几天，可能因为旅行、受伤、生病，或别的什么原因，不得不休息。我每年跳过晨练的次数屈指可数。[4]

> 一个月的瑜伽练习让我感觉年轻了 10 岁，保持身体的柔韧性
> 就是保持年轻的状态。

养成习惯的方法和过程并不重要，甚至连做什么都不重要，重要的是每天坚持。很多人纠结于举重训练、网球、普拉提、高强度间歇训练和"快乐身体"健身法到底哪个最有效。其实他们搞错了重点。我要重复一遍，每天坚持才是最重要的，坚持做什么是次要的。对个人而言，最好的锻炼就是每天都能坚持去做的那种锻炼。[4]

> 边走边开会的好处：
> · 提高大脑工作效率
> · 锻炼身体，享受阳光
> · 时间简短，省去客套话
> · 增加对话交流，减少自说自话
> · 不用播放幻灯片
> · 结束很简单——走回去就行了

生活中的所有事情都一样，如果愿意做出短期的牺牲，你就会得到长期的好处。我的体能教练耶日·格雷戈雷克是个非常聪明的人。他总是说："选择简单模式，人生会越来越困难；选择困难模式，人生会越来越简单。"

现在选择困难的饮食模式，也就是虽然很想吃垃圾食品，但是忍住不吃，同时选择困难的锻炼模式，不怕辛劳。长此以往，你的生活会变得越来越容易。你不会轻易生病，不会不健康。价值观的培养、未雨绸缪的储蓄、人际关系的处理都是如此。**如果你现在选择一条容易的路，那么你的未来会变得更加艰难。**[4]

冥想是

间歇性禁食

思想意识的

冥想 + 精神力量

情绪是生物进化的产物，能预测当前事件对未来的影响。在现代社会环境中，情绪反应通常是夸张的，甚至是错误的。

为什么冥想的力量如此强大？

人体的周围神经系统由自主神经系统和随意神经系统两部分构成。两个系统有少数重合之处，呼吸就是其中之一。呼吸是无意识的动作，但也可以通过大脑自主控制。

很多冥想练习都强调呼吸，因为呼吸是进入自主神经系统的入口。医学文献和精神文献中的众多案例表明，有些人可以深度控制自己的身体，可以控制那些本来自主的活动。

人的思想力量非常强大。前脑向菱脑发送信号，然后由菱脑向整个身体调配和分发资源。那么，这一过程是如何调节的？又有什么不同寻常之处？

其实，你通过呼吸就可以完成资源的合理调配和分发。放松的呼吸会告诉身体你现在处于安全状态。这样，前脑所需的资源不会像平常那么多。额外的能量可以被送到菱脑，而菱脑可以将这些资源重新分配给身体的其他部分。

这并不是说，仅靠激活菱脑就能战胜任何疾病，而是可以把大部分正常情况下关心外部环境所需的能量用在免疫系统上，以此提高你的身体机能。

我强烈推荐读者收听蒂姆·费里斯与维姆·霍夫共同录制的一期播客。维姆·霍夫是一个奇迹般的存在。维姆的绰号是冰人，他保持着冰浴和冰泳时间最长的世界纪录。他给了我很大的启发，不仅因为他能够完成超人般的体能壮举，还因为他同时保持着和善乐观的个性——这就很难得了。

他提倡接触低温环境，因为他认为人类已经过于脱离自然环境了。我们饿了就吃东西，冷了就穿衣服，一直让自己处于温暖的状态，身体已经忘记了寒冷的滋味。寒冷对我们来说很重要，因为它可以激活我们的免疫系统。

因此，他提倡进行长时间的冰浴。我出生在印度次大陆，所以对冰浴非常抵触。但是受到维姆的启发，我决定尝试一下冷水澡。结果，通过使用维姆·霍夫呼吸法，我成功地做到了。这种呼吸法要求你进行强力呼吸，以使更多氧气进入血液，提高核心温度。核心温度提高后，你就可以去冲冷水澡了。

最初的几次，情景非常滑稽，因为缩手缩脚，瑟瑟发抖，我只能站在花洒下面一点一点慢慢放松自己。我四五个月前开始洗冷水澡。现在，我已经可以把花洒开到最大，然后径直走进去。我不给自己任何犹豫的时间。一旦听到脑海里有个声音说水非常冷，我就知道自己必须走进去。

这件事给我上了非常重要的一课：我们大部分的痛苦都来自逃避。洗冷水澡的痛苦主要源于进入冷水时的蹑手蹑脚和小心翼翼。一旦站到冷水下面，你就会发现那其实一点儿都不痛苦，只是有点儿冷。身体感觉到的冷跟头脑中想象的冷是不一样的。承认身体感到冷，并直面这种感受，应对它，接受它，但不要因此感到精神痛苦。洗两分钟冷水澡不会要了你的命。

每天早上洗个冷水澡，可以帮助你不断复习这一课。现在，我已经把热水澡从生活中剔除了，我的需求又少了一个。[2]

冥想是思想意识的间歇性禁食。

太多糖会导致身体超重，太多干扰会导致大脑过载。

拿出时间独处，用来专注地自省、写日记、冥想，这可以解决

那些没有解决的问题，让超负荷的精神变得清明疏朗。

你现在在进行冥想练习吗？

我觉得冥想就像节食，大家似乎都有一套自己的方法。每个人都说自己在节食，但实际上没有人真正在做这件事。同样，真正定期冥想的人也屈指可数。对于冥想，我发掘并尝试了至少四种不同的形式。

我发现，对我最有效的一种冥想叫"无选择觉知"，或叫"无评判觉知"。这种冥想方式就是在处理日常事务时（最好有跟大自然接触的机会），不跟任何人交谈，练习接受自己所处的当下时刻，不做任何评判。既不去想，"那边有个流浪汉，我最好到马路对面去"，也不要看着跑步的人暗想，"这人身材走样了，我的身材比他好"。

从前，每次看到发量很少的人，我的第一反应通常都是："哈哈，这个人头发真少。"我为什么要通过嘲笑他人让自己感觉良好呢？我为什么需要感觉自己的发量还不错呢？原因就是，我已经开始脱发了，我很担心自己的头发会掉光，所以才试图通过嘲笑发量不如我的人来获得心理安慰。我发现，我 90% 的想法都受到恐惧的驱动，剩下的 10% 可能受到欲望的驱动。

而在练习无选择觉知冥想的过程中，你不做任何决断，不评判任何事情，只是全盘接受。如果能在散步时这样做 10 到 15 分钟，你就能达到一种非常平静和感恩的状态。无选择觉知这种冥想法对我很有用。[6]

第二种方法是超觉冥想，就是通过反复唱诵，在头脑中制造一种白噪声来掩盖自己的想法。第三种方法就是对自己的想法保持高度敏锐和警觉。通过观察自己的想法，你会意识到很多想法都源于恐惧。在你识别出恐惧的那一刻，恐惧感自然就消失了。一段时间过后，你的思绪就会平静下来。

思绪一旦平静下来，你就会认识到周围的一切都不是理所当然、天经地义的，你开始留意生活中的点滴细节。你会想："哇，原来我生活的地方这么美。我有衣服穿，这多好啊，我还可以随时去星巴克喝咖啡。你看看周围的人，每个人的脑海里都有一个鲜活、丰富、完整的人生。"

在日常生活中，我们每个人都会不停地跟自己对话，沉浸在自己编织的故事中，而这种对周围事物的觉知会让我们从中跳脱出来。哪怕只有 10 分钟，你也能意识到我们已经处在马斯洛需求层次较高的阶段，生活其实非常美好。[6]

生活技巧：躺在床上的时候，可以尝试冥想。这样，你要么进入深度冥想，要么会入睡。不管结果是哪种都很好。

　　我学到的第四种冥想方法是，坐在那里闭上眼睛，每天至少一个小时。此时，你以臣服的姿态接受发生的一切，不争取，不对抗。如果有想法在头脑中涌现，那就任其涌现。

　　人的一生会经历大大小小的事情，有好事，有坏事，其中大部分都会得到处理和解决，但还有一些会长久地伴随着你。随着时间的推移，这类事情会越积越多，就像藤蔓一样将你层层缠住。

　　这些不曾解决的痛苦、错误、恐惧和欲望已经成为你的一部分，像藤蔓一样附着在你的周身，让你失去童年时的好奇心，失去活在当下、乐在其中的能力，失去内心的快乐。

　　那怎样才能把这些藤蔓从身上扯下来呢？答案就是冥想。当冥想的时候，你只是坐在那里，不去对抗自己的思想。此时，这些事情开始在你头脑中翻滚。你就像面对一个充满了未回复邮件的巨大收件箱，这些邮件可以一直追溯到你的童年。问题一个接一个冒出头来，你不得不一一处理。

　　你别无选择，必须去解决这些问题，而解决问题不需要你付出任何努力——只要静静观察就好。现在，你已经是成年人了，以往的事件已经与你拉开了距离，你可以隔着时间和空间，以更客观的态度看待这些问题，进而直面、解决这些问题。

　　这样一来，你就会慢慢解决掉脑海中许多根深蒂固但尚未解决的问题。总有一天，全部问题都会得到解决，而到那个时候你再坐下来冥想，大脑就会进入"收件箱为零"的状态。当你打开大脑的"电子邮箱"，里面没有任何邮件时，那种感觉会特别奇妙。

　　那是一种快乐、幸福、平静的状态。一旦拥有了这种状态，你就不想再放手。如果每天早上只是闭上眼睛坐着就可以获得一个小时的幸福，那是多么弥足珍贵，它会改变你的人生。

我建议每天早上冥想一小时，因为少于一小时无法真正进入深度冥想。如果真的想尝试冥想，我建议以 60 天为周期，每天一小时，早上起来先冥想。大约 60 天后，你会厌倦倾听自己的心声。你应该已经解决了很多问题，或者你已经听够了自己的心声，看穿了那些恐惧和问题。

冥想并不难。你要做的就是坐在那里什么都不做。只是坐下来，闭上眼睛告诉自己："我只想让自己休息一小时。这是我远离喧嚣生活的一小时，在这一小时里，我什么都不会做。"

"如果有想法喷涌而出，那就任其喷涌吧。我不会与之对抗，也不会进一步思考，既不接受，也不拒绝。我就在那里闭着眼睛坐一小时，什么都不做。"这样做能有多难呢？你怎么就不能在一小时内什么都不做呢？给自己一小时的休息时间有那么难吗？ [74]

有没有哪一刻你意识到自己是可以控制对事物的理解的？我觉得一个普遍存在的问题是，人们没有意识到自己可以控制对一件事的理解和应对。

我觉得其实大家是知道的，在一定程度上，毒品的吸引力是精神层面的。人们摄入毒品（酒精、迷幻药、大麻等等），是因为他们试图控制自己的精神状态和反应。有些人喝酒，是因为喝酒可以让他们变得麻木；有些人吸毒，是因为吸毒可以让他们浑然无觉；还有些人使用迷幻药，让自己感受与当下和现实的强烈连接以及与大自然的联结。所以，毒品的吸引力是精神层面的。

从某种程度上说，整个社会都有沉迷和上瘾的症状。人们追求刺激的行为、心流状态或性高潮，其目的就是摆脱自己的思维，摆脱脑海中的声音，摆脱过分强烈的自我意识。

我的最低目标是，不让自我意识随着年龄的增长继续发展并被强化。我希望自我意识减弱、变柔和，这样我就可以更好地融入当下的现实生活，接受大自然和这个世界的本来面目，像孩子一样随心所欲、天真烂漫地欣赏一切。[4]

而要实现这一目标，先要认识到你是可以观察自己的精神状态的。冥想并不会瞬间赋予你控制内在状态的超能力，但会让你觉察到你的思想意识是多么失控。思想意识就像一只猴子，在房间里跑来跑去，大喊大叫，摔盆砸碗，投掷粪便，制造麻烦。思想意识是完全不受控的，就像一个失控的疯子。

你必须先看到这个疯子在肆无忌惮地横冲直撞，你感到不胜其扰。只有感到不胜其扰，你才会对其感到厌倦；只有感到厌倦，你才会与之分开，而这种分开就是解脱。你会意识到："我不想成为那个人，我怎么会如此失控？"拥有这种觉知能让你平静下来。[4]

> 洞察冥想是在"调试模式"下运行大脑，最终你会意识到自己只是一个大程序的子程序。

　　我有意识地密切关注自己的内心独白，不过有时也做不到。如果用计算机编程做类比，那就是我会尽可能地在"调试模式"下运行我的大脑。在跟他人交流或者参加团体活动时，想要运行"调试模式"几乎是不可能的，因为大脑有太多事情需要处理，但在独处的时候我可以做到。比如，今天早上我一边刷牙，一边在脑子里想象一期播客。我开始想象沙恩问我一些问题，也想象自己如何回答。然后，我突然意识到，我在天马行空地想象。于是我把大脑调整为"调试模式"，就这样看着指令一条条闪过。

　　这时，我就想："我为什么要幻想未来的规划？我为什么就不能站在这里，集中精力刷牙？"我觉察到自己的大脑已经奔向未来，觉察到因为自我的存在，我开始幻想未来的一些场景。我就想："我真的在乎自己会不会出丑吗？谁在乎呢？无论如何我都会死的。一切都会归零，我什么都不会记得，所以这一切毫无意义。"

　　然后，我停止大脑的运转，继续刷牙。我开始注意到牙刷有多好，自己的感觉有多好。下一刻，我又开始想别的事情了。我不得不再次审视自己的大脑，自问："我真的需要现在就解决这个问题吗？"

　　大脑中95%的所思所想都是不需要即刻就处理的。大脑就像肌肉，最好让它多多休息，保持平静，只有在特定问题出现时才调动大脑，全身心地解决问题。

　　在我们聊天的当下，我就不能让大脑在"调试模式"下运行。这时，我需要全身心地投入我们的谈话，让自己百分之百专注，而不是想着"我早上刷牙的方式对不对"。

高度集中注意力是一种能力，这种能力与放松自我、活在当下、保持快乐的能力有关，当然，也与提高效能的能力有关。[4]

注意力高度集中就像把自己从一个特定的框架中抽离出来，虽然你还保持着自己的思维，但你看问题的角度已经变了，是这样吗？

佛教徒会探讨觉知与自我。我喜欢用计算机和极客的语言来比喻佛教的这种理念。其实他们真正讨论的是，可以把大脑和意识视为一个多层次的机制。这个机制以一个内核级的操作系统作为核心基础，其上又运行着一些应用程序。

我实际上是回到了大脑操作系统的觉知层面。在觉知层面，我是宁静的、平和的、快乐的、满足的。我试图保持觉知模式，而不是激活自己的心猿（浮躁不安之心），因为它总是提心吊胆、焦虑不已。心猿当然有它的重要价值，但我希望只在需要的时候才激活它。当需要调动它的时候，我希望可以专注其中。如果思维每天 24 小时不间断运行，那就是对精力的浪费，也会让心猿主宰我的全部状态。但我不能只有心猿这一种状态，还要有其他状态。

我还想补充一点，无论是灵性、宗教（包括佛教），还是其他任何你所追随的东西，最终都会让你意识到，你不仅仅是自己的思维，你不仅仅是自己的习惯，你不仅仅是自己的偏好，你是一种觉知水平，你还是一具肉身。现代人对自己的身体感知太少，觉知水平也远远不够。我们过多地活在存在于大脑的内心独白里。而这些是我

150

们年轻时由社会和环境塑造形成的。

每个人都有自己独特的基因组合。小时候，你的基因组合会对外部环境做出反应，同时你的大脑会记录下所有经历，不管是好的还是坏的。此后，你会利用这些记忆预判未来的所有事件，不断尝试预测和改变未来。

随着年龄的增长，你会积累海量的偏好。这些习惯性反应最终会变成失控的货运列车，控制你的情绪。但情绪不应该被下意识的反应控制，而应该由我们的意识主动控制。我们应该研究如何控制自己的情绪。如果一个人能按照意志调整状态，那就非常有掌控感。你只需要想"现在我想处于好奇的状态"，就可以真的进入好奇的状态。或者你可以想："我现在想陷入哀伤的状态，我在哀悼一个我爱的人，向他献上我浓浓的哀思。我真的想有这种感觉。我不想为明天必须解决的计算机编程问题分心。"

大脑本身就是一块肌肉，可以被训练，可以被调节。但由于社会的随意破坏、随机塑造，大脑已经在我们的控制范围之外了。如果带着觉知和意图审视自己的大脑（这种审视应该是一个时时刻刻都要进行的长期练习），你就可以分析自己的思想、情绪、想法和反应。在自我剖析、自我了解的基础上，你就可以重新配置自己的系统了。你可以根据自己的需要重写程序。[4]

冥想是屏蔽社会的噪声，倾听自己的声音。
只有以冥想本身为目的，冥想才会"起作用"。

徒步旅行是行走冥想。

写日记是书写冥想。

冲澡是意外冥想。

静坐是直接冥想。

选择自我塑造

最了不起的超能力就是改变自我的能力。

你一生中犯过的最大的错误是什么？你是怎么走出来的？

我犯过很多错。面对错误，我都用同样的方式进行反思和总结。这些错误都是那个年龄段难以避免的，当时并不能觉察，只有事后才会显现出来。为了走出错误的阴影，我扪心自问："当 30 岁时，你会给 20 岁的自己什么建议？当 40 岁时，你会给 30 岁的自己什么建议？"（如果年纪更小，你可以每 5 年为一个时间段这样问自己。）坐下来认真思考自己过去每一年的经历和感受："2007 年，我在做什么，我感觉怎么样？2008 年，我在做什么，我感觉怎么样？2009 年，我在做什么，我感觉怎么样？"

人生旅程有时顺风顺水，有时惊涛骇浪，生活总会以自己的方式继续，而每个人的旅程体验主要取决于自己的解读。生而为人，我们拥有三观五感、七情六欲，最后与世长辞。如何解读自己的遭遇，完全取决于自己，每个人对这些遭遇都有不同的解读方式。

说真的，如果人生可以重来，我还是会做出同样的选择，只是希望自己可以控制情绪波动，多一些宽容和平静，少一些戾气和愤怒。以我年轻时的一个经历为例，这件事很多人都知道。当时我创立了一家非常成功的公司，但我没有获得相应的报酬，于是，我起诉了一些相关人员。最后，问题基本上得到顺利解决，我也得到自己想要的结果，但在此过程中，我却极度焦虑、无比愤怒。

换作今天，我不会再让自己被这种焦虑和愤怒的情绪控制。我会直接跟当事人谈："事情是这样的，我准备这样做，我准备用这种手段。这样公平，那样不公平。"

我会意识到，怒气冲冲、情绪激动会带来完全不必要的严重后果。现在，我依然会坚持做自己认为正确的事情，但我从过往吸取教训，学会了从长计议，减少不必要的愤怒情绪。如果可以从长远角度冷静客观地看待问题，很多问题其实并不是问题。[4]

再强调一次，习惯就是一切——主导着我们的一切行为和思维方式。有些习惯是从小养成的，包括如厕、什么时候能哭、什么时候不能哭、什么时候能笑、什么时候不能笑等等。于是，我们逐渐养成了各种习惯——通过后天学习，一些行为变成了我们的一部分。

长大后，我们已经累积了成千上万个习惯。习惯成自然，这些习惯在我们的潜意识里不间断地运行，而大脑皮质只会留出一点点思考力来应对新问题。我们终究会成为自己的习惯。

我是从自己健身的过程中认识到这一点的。我以前从未坚持过日常训练。后来，我的健身教练给我制订了每天的训练计划，内容并不难，不会给身体带来太大的负担，但我必须每天坚持。久而久之，我感觉自己的身心状况发生了令人难以置信的变化。

> 想要拥有内心的平静，必须先拥有身体的平静。

坚持锻炼让我看到了习惯的力量。我开始意识到，一切都与习惯有关。在日常生活的每时每刻，我们要么是在养成新的好习惯，要么是在摒弃以前的坏习惯，而习惯的养成和摒弃都需要时间。

有人会说："我想要保持身材，想要健康。现在我太胖了，身材都走样了。"塑形需要锻炼，如果只坚持三个月，是不能养成习惯的，锻炼的效果也无法维持。养成习惯、保持身材至少需要十年的时间。正常情况下，我们每过六个月就要改掉一些坏习惯、养成一些好习惯，当然，具体周期取决于自我改变的速度。[6]

印度哲学家克里希那穆提提出的一个观点就是，一切存在时刻处于一种内部变革的状态。人应当时刻准备好迎接彻底的改变。每当说"我打算尝试一个新东西"或者"我打算养成一个新习惯"时，我们其实都是在畏缩。[6]

我们实际上是在说："我要为自己争取更多时间。"但我们应该做的是追随内心的渴望。如果你想认识一个漂亮姑娘，那就去认识她；如果你想喝杯饮料，那就去喝一杯；如果你真的想做一件事，那就去做好了。

154

说"打算"，就是在拖延，就是在给自己找借口。不过，即使没有把想法付诸行动，至少也要对自己真实的心理活动保持觉知："虽然我说我想做这件事，但其实并不是真的想。因为如果真的想，我早就去做了。"

如果真的想做一件事，有一个方法就是广而告之，让身边的人都知道。比如，你想戒烟，你可以对你认识的每一个人说："我戒烟了，我做到了。我向你保证。"

有想法就直接采取行动，就是这么简单。但大多数人都会说自己还没准备好，所以也就不会对朋友广而告之了。如果是这样，你就应该对自己诚实一点儿，直接承认："我还没有准备好戒烟。我太喜欢抽烟了，要戒掉太难了。"

而如果真的想戒烟，你可以这样想："我会为自己设定一个更合理的目标，先降到这个数量。我可以让身边的人监督我。我会先坚持三到六个月。达成这个目标后，我会设定下一个目标。我会采取力所能及的实际行动，而不是什么都不做，陷入自我责备。"

当真的想做出改变时，你就会直接去做。然而，大多数人并不是真的想改变，暂时也不想承受其中的痛苦。但至少我们可以承认这一点，对自己的感受和想法保持觉知，这样，我们就可以给自己设定切实可行的小目标，让自己真正行动起来。[6]

迅速采取行动，并对结果保持耐心。

需要做，就去做，还等什么呢？生命的长河奔腾不止，青春一去不复返。不要浪费时间拖延等待，不要浪费时间踟蹰徘徊。每个人都有自己的使命，不要浪费时间做不属于自己人生使命的事情。

一旦决定去做，就要迅速采取行动，并全神贯注，全力以赴。同时，要对结果保持耐心，因为你唯一能把握的只有自己，他人和外界环境都纷繁复杂、充满变数。

市场接受一个产品需要经历很长时间。商业上的合作、职场上的配合都需要一定的磨合期。想要做出优秀的产品是需要时间的，因为你需要不断地、一遍又一遍地打磨它。一旦采取行动，就要速战速决，但等待结果要从容沉着。正如尼维所说，灵感易逝。当灵感乍现时，要马上行动起来。[78]

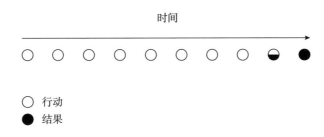

选择自我成长

我觉得设定具体目标的做法并不科学。史考特·亚当斯有句名言："要建立系统，而不是设定目标。"运用你的判断力确定什么样的环境有助于你茁壮成长，然后在周围创造一个这样的环境，由此增加成功的概率。

> 当前的环境会塑造大脑，但是聪明的大脑也可以选择和塑造未来的环境。

我不会也不想成为世界上最成功的人。我只想尽力通过最高效的方式成为最成功的自己。我想要的生活是，如果能活 1 000 次，那么其中的 999 次，我都过着成功的生活。我未必是亿万富翁，但每一次的人生都不差。我做不到让生活的方方面面都遂心如意，但我建立了自己的系统，确保不合心意的情况屈指可数。[4]

你还记得吗？我最开始就是一个来自印度的穷孩子。所以，既然我能成功，那么任何人都能成功。当然，我四肢健全，智力正常，受过教育。想要成功，一些先决条件是不可或缺的。但是，如果你正在读这本书，很可能你已经具备了获得成功的必要条件，那就是一个正常运作的身体和一个功能正常的大脑。[78]

> 如果有什么事情是你以后想做的，现在就去做，人生没有"以后"。

你个人如何学习新的学科?

大多数情况下，我只学习基础知识。即使在学习物理或科学时也一样。我会阅读那些高级复杂的概念，但主要是为了好玩儿。比起微积分，我更喜欢做算术。我这辈子是不会成为一位厉害的物理学家了。也许来生可以，也许我的孩子可以做到，但对我来说为时已晚。我只能做自己喜欢的事情。

对我而言，科学就是对真理的研究。科学是唯一真正的学科，因为科学做出的预测是可证伪的。科学具有改变世界的力量。应用科学变成技术，技术把我们和动物区分开来，让我们拥有手机、房子、汽车、暖气和电力。

总之，对我来说，科学是研究真理的学问，而数学是科学和自然的语言。

我没有宗教信仰，但我有精神信仰。对我来说，研究宇宙法则是我所能做的最虔诚的事情。有宗教信仰的人会去麦加或麦地那朝圣，向先知致敬，而在学习科学的时候，我能获得同样的敬畏感，也能深刻地感受到自我的渺小。对我来说，这种感受是无与伦比的。虽然只学习了最基础的知识，但是我有这样的体验。这就是阅读科学知识的美妙之处。[4]

你是否认同这样的观点:"如果阅读的内容与他人相似，思考的东西就会和别人雷同?"

我觉得现在大家不管读什么，几乎都是为了获得社会认可。[4]

有些人读了上百本解读进化论的书，却从未读过达尔文关于进化论的原著。这个世界上的宏观经济学家多如牛毛，我认为他们中的大多数人虽然读过大量的经济学论文，但是没有读过亚当·斯密的任何著作。

在某种程度上，这种阅读是为了获得社会认可。这么做是为了融入其他猴子，为了适应群体生活。但要从生活中获得回报，你需要做的并不是合群，而是从人群中脱颖而出。

社会认可是在群体内部进行的。如果想得到社会认可，就需要去阅读整个社会群体都在阅读的东西。而要想在群体中脱颖而出，就需要有一定的逆向思维和反叛精神，能够说出："不，我就是要做自己选择的事情。不管社会结果如何，我就是要学自己觉得有意思的东西。"

你认为选择离经叛道是损失厌恶心理在起作用吗？因为一旦背离当前的轨道，你就不能确定是在朝着积极还是消极的结果发展，是吗？

正是如此。我想这就是为什么我所认识的最聪明、最成功的人一开始都是失败者。如果自认为人生失败，被社会抛弃，在正常的社会中没有合适的角色，你就能专心做自己的事情，而不会被能否成功困扰。这样反而更有可能找到一条成功的道路。"我永远不受欢迎，我永远不被接受。我已经是个失败者了。反正也得不到别人拥有的东西，我只要开心地做自己就好了。"这样想对开始做事的人来说是一种很好的心态。

> 要想不借助自律而实现自我提升，你需要更新自我形象。

每个人都有一些做起来动力十足的事情，只是这些事因人而异。即使是那些所谓"没有动力"的人，在打游戏的时候也会突然充满干劲儿。所以，我认为动力是相对的，你只需要找到自己感兴趣的东西。[1]

> 流血流汗，埋头苦干，直面困难，这些都是一夜成名的必经之路。

如果你要给子女传授一两条人生原则，这些原则会是什么？

第一条原则是阅读，广泛地阅读。阅读面要广，不要局限于社会认可的书，更不要局限于我推荐的书。要为了阅读而阅读，培养对阅读的热爱。即使喜欢读言情小说、侦探书或漫画书也没关系，不存在所谓的垃圾。开卷有益，尽管读吧。假以时日，你会找到那些你应该读和喜欢读的东西。

第二条原则是，掌握与阅读技巧相关的数学和说服技能。这两种技能有助于你在现实世界里活得游刃有余、畅行无阻。

拥有说服技能很重要，因为如果能影响自己的同胞，你就可以做成很多事情。我认为，说服力是一项实实在在的技能，而且是可以学会的，并没有那么难。

数学有助于解决生活中所有复杂的难题。如果想赚钱，如果想研究科学，如果想了解博弈论、政治、经济、投资或计算机，你就需要学好数学，因为所有这些都以数学为核心。数学是自然界最基本的语言。

数学是大自然的语言。所以，我们可以利用数学对大自然进行逆向工程，以此了解大自然。不过，我们目前的了解也只是皮毛。但幸好，作为普通人我们并不需要掌握很多数学知识，只需要知道基本的统计学、算术等就够了。你应该对统计学和概率了如指掌，烂熟于心。[8]

选择解放自己

> 最难的不是做自己想做的事，而是知道自己想要什么。

要注意，这个世界上根本没有什么"成年人"，假装成熟的人多了，也就有了成年人。你必须找到属于自己的路，按照自己的方式去挑选、抉择、取舍。先想清楚自己想要的是什么，然后付诸行动。[71]

你的价值观发生了怎样的变化？

年轻的时候我无比珍惜自由。自由是我的核心价值观之一。不过，现在依然如此。自由是我的三大价值观之一，只是现在我对自由的理解不同了。

以前我对自由的定义是"随心所欲即自由"——想做什么就做什么，想什么时候做就什么时候做。而现在，我追求的是内在的自由，"无忧无虑即自由"。例如，从愤怒中解脱的自由，从悲伤中解脱的自由，无须做出反应的自由，无须被迫做事的自由，等等。以前我总是在追求"想做什么就做什么"的自由，现在我追求"不想做什么就不做什么"的自由，追求内心和外在的无拘无束。[4]

> 给年轻时的自己一个建议："做最真实的自己。"
> 伪装意味着要年复一年地（而不是几分钟）让自己身处烦心伤脑的关系和工作中。

从期待中解脱出来

我压根就不评估自己的效率。我不赞成自我评估，我觉得这是一种自我约束、自我惩罚和自我冲突。[1]

如果他人因对你抱有期待而受伤，那就是他们的问题。如果他们和你有约在先，那就是你的问题。但如果他们只是单方面对你有所期待，那就完全是他们的问题，与你毫无关系。他们会对生活有各种各样的期待，越早打破他们对你的期待越好。[1]

> 勇气不是在枪林弹雨中冲锋陷阵，而是不在乎别人怎么想。

所有与我熟识的人都知道，我有两大性格特点：缺乏耐心，非常任性。我不喜欢等待，痛恨浪费时间。比如，在参加聚会、活动、晚宴时，如果意识到那是在浪费我的时间，我就会马上离开，不管什么社交礼节。大家都知道我这个特点。

珍惜自己的时间。你唯一真正拥有的就是时间。时间比金钱更重要，比朋友更重要，比什么都重要。你的时间就是你的一切。不要浪费自己的时间。

珍惜时间并不意味着不能放松下来享受生活。只要是做自己想做的事情，你就不是在浪费时间。但是，如果没有把时间花在想做的事情上，既没有赚到钱，也没有学到东西，你就要问问自己到底在瞎忙什么。

不要花自己的时间去取悦别人。别人快不快乐是他们的问题，不是你的问题。你快乐了，别人也会快乐。你快乐了，别人会问你是如何快乐起来的，他们会从中学到点儿什么，但是你没有责任让别人快乐。[10]

从愤怒中解脱出来

什么是愤怒？愤怒是一种强烈的情绪表达，是一个人尽可能向对方表明自己有能力使用暴力的情绪表达。愤怒是暴力的前兆。

观察自己愤怒时的样子。愤怒就是对情况失去控制时的表现。愤怒是跟自己的契约，你同意让自己陷入身体、精神和情感的混乱，直到现实发生改变。[1]

> 愤怒本身就是一种惩罚。一个愤怒的人试图把你的头摁到水下，但同时他也在溺水。

从雇佣关系中解脱出来

那些生活水平远远低于自己收入水平的人享受着一种自由，这种自由是那些忙于不断提升自己的生活方式的人无法企及的。[1]

一旦真正掌握了自己的命运，无论好坏，你就再也不会让别人告诉你你该做什么了。[1]

> 一旦品尝到自由的滋味，你就再也不想被别人雇用了。

从不受控制的思考中解脱出来

我正在努力培养一个很重要的习惯，那就是试图叫停自己的心猿。在孩童时期，每个人都是一张白纸，可以无忧无虑地活在当下，基本上都可以根据自己的本能对环境做出反应。我认为这时可谓生活在"真实世界"里。到了青春期，欲望开始萌发，这是你第一次真正渴望得到某样东西。你开始进行长期规划，开始大量思考，开始逐步打造身份，培养自我意识，争取得到自己想要的东西。

举个例子，你走在一条人来人往、有着一千个人的马路上，那么这一千个人无时无刻不在头脑中喃喃自语。他们不断地评判着自己看到的一切，头脑中回想着昨天发生在自己身上的事情，也在幻想明天会发生什么。他们唯一没有做的事情就是关注当下最基本的现实。这种思维模式在我们做长期规划或者解决问题时是好事，对我们完成生存和繁衍的任务也有益处。

但是，我觉得它非常不利于个人幸福。对我来说，大脑应该是仆人和工具，而不是主人。我不应该全天候地受到心猿的控制和驱使。

大脑总会陷入不受控制的思考，我想改掉这个习惯。当然，这并不容易。[4]

忙碌的思绪会加速主观时间的流逝。

自我意识和自我发现没有终点，是毕生的功课，我们在这条路上不断精进。人生没有一个有意义的答案，也没有人可以完全解决人生的所有问题，除非你成为一个大彻大悟的人。也许有人能最终做到，但我知道我不太可能做到，因为我已经被卷入这场无休止的"老鼠竞赛"。在最好的情况下，我能做到偶尔抬头看看天上的云。

我觉得大多数人最多也就是意识到，自己是一只竞争中的老鼠，仅此而已。[8]

> 现代斗争：
> 孤独的个体召唤出非人的意志力，进行断食、冥想、锻炼……对抗大批科学家和统计学家以充足的食物、药物和电子屏幕为武器制造出的垃圾食品、标题党新闻、无限的色情内容、无穷无尽的游戏、令人上瘾的毒品。

第五章

哲学

真理经常会被当成异端邪说，无法被公开讨论。真理只能靠探
索去发现、靠耳语去传播，也许还能编撰成文，供人阅读。

生命的意义

我要提的这个问题，内涵和外延都非常丰富：生命的意义
和目的是什么？

确实非常丰富。这个问题很大，我会给你三个答案。

第一个答案：生命的意义是一个私人问题。每个人都必须找到
自己生命的意义。其他人（无论是佛陀还是我）给你的任何智慧听
起来都像是胡说八道。从根本上说，每个人都必须自己去寻找答案，
所以重要的不是答案，而是问题。你得坐下来深入思考，努力探究
这个问题。寻找人生的意义可能需要几年甚至几十年。一旦找到令

自己满意的答案，这个答案就会成为你生活的根基。

第二个答案：生命没有意义，生活没有目的。有人说："人生如水上写字或以沙建房。"宇宙已经存在了 100 亿年，未来可能会继续存在 700 亿年。与宇宙的历史相比，你的生命相当于不存在——在过去的 100 亿年中并不存在，在未来的 700 亿年中也将不复存在。宇宙终将归于热寂。

你做的任何事情都将烟消云散，你存在的一切痕迹都将无处可寻。人类终将灭亡，地球也会荡然无存。即使是移民火星的群体也会消失。无论你是艺术家、诗人、征服者、贫民，还是其他任何人，几代人过后，都不会有人记得你。总之，生命没有任何意义。

归根到底，一个人必须创造自己人生的意义。你必须想清楚：

"生命只是一场戏，而我只是一个观众？"

"我做的事情是为了自我实现吗？"

"我对某种东西的渴望是因为其本身吗？"

所有这些都是你编造出来的意义。

对宇宙来说，没有什么基本的内在目的或意义。如果有，在得知了这一意义之后，你就会接着问："为什么这就是生命的意义？"正如物理学家理查德·费曼所说："就好像一个东西被一只乌龟驮在背上，这只乌龟下面是一只更大的乌龟，再下面都是乌龟。一个问题总会带来另一个问题，'为什么'会不断累积。任何一个答案都会引出另一个'为什么'。"

我不相信"永恒的来世"这类回答。仅仅因为在这个星球上生活了 70 年，你就能获得永恒的来世——我觉得这个说法毫无依据，荒谬至极。我觉得"来世"跟"前世"差不多。你还记得自己的"前世"吗？不记得了吧。"来世"也一样。

在你出生之前，这个世界上并不存在一个"你"，你不关心任何事和任何人，包括你所爱的人，包括你自己，包括人类，包括人类是要移民火星还是留在地球上，包括是否有人工智能，等等。在你死后，这个世界上的"你"就消失了，你也不会在乎这些了。

第三个答案：这个答案有点儿复杂。根据我所阅读的科学领域的书籍（我的朋友写过相关主题的书），我拼凑出一些理论。也许人生有意义也有目的，但我要说的这个目的或许并不能令你满意。

说白了，在物理学中，时间之箭来自熵。根据热力学第二定律，随着时间的推移，熵只会增加，不会减少，这意味着宇宙中的无序状态只会增加，集中的自由能只会减少。如果把人类或植物等任何一种生物或人类文明视为一个系统，这些系统就是在局部熵减。人类在局部熵减，因为我们有行动力。

而在人类局部熵减的同时，整个地球在整体熵增，直到宇宙归于热寂。在宇宙热寂理论之下，你可以提出一些很有意思的解释，我也非常乐于看到。在热寂状态里，能量不再集中，万物都处于同等的能量水平。此时，万物归一，毫无二致。

作为生命系统，我们所做的一切都是在推动宇宙加速达到热寂。创作艺术、研究数学、组建家庭、发明计算机、创建文明等等——所有这些更复杂的系统都在使宇宙加速达到热寂。你正在把我们推向"万物一体"的终极境界。[4]

按照自己的价值观生活

你的核心价值观是什么？

我从未完整地总结过自己的价值观，但可以在此列举几个。

诚实是我最核心的价值观之一。我说的诚实，指的是做真实的自己。在某些环境中，我们需要注意自己的言谈举止，在跟一些人相处时，我们说话要字斟句酌。我不想待在这样的环境里，也不想跟这样的人相处。如果心里一套、嘴上一套，我的大脑就需要多个线程同时处理信息，这样我就无法活在当下，因为每次与人交谈，我都在追悔过去或计划未来。我只想跟一类人相处，在他们面前我可以做到心口如一。

> 在对别人撒谎之前，你必须先对自己撒谎。

另一个基本的价值观是，我不赞成任何短期思维或短期交易。如果生意伙伴在跟他人的合作中一味追求短期利益，我就不想跟他们合作了。生活中所有的回报，无论是财富、人际关系、爱情、健康、活动，还是习惯，都来自复利。我只想选择值得一辈子深交的伙伴和能获得长期回报的事情。

另一个价值观是，我赞同平级关系，不接受等级关系。我不想高于任何人，也不想低于任何人。如果我和别人不能像平级那样对待彼此，我就不想和他们交往了。

还有一个价值观，现在我觉得愤怒是毫无意义的。年轻的时候我认为愤怒是好事，是男子汉气概的象征，但现在，我喜欢佛教的说法："执怒就像握了一把要丢向他人的热煤炭，被烫伤的人反而是你。"我不想生气，也不想和愤怒的人在一起。我把愤怒的人从自己的生活中剔除了。我不是在评判他们。我自己也经历了很多愤怒。他们必须自己解决这个问题。去别的地方生别人的气吧，不要影响我。

我不知道以上说的这几点是否符合价值观的一般定义，但这些都是我不会妥协的事情，我的整个人生都以它们为参考和标杆。[4]我认为，每个人都有自己的价值观。要想获得好的人际关系、好的同事、好的恋人、好的妻子、好的丈夫，就要找到与自己价值观相契合的人。志同则道合，道合则无虞。我发现，人们如果因为什么事情争执不休，乃至大打出手，一般来说，就是价值观不一致。如果价值观一致，人们就不会计较那些鸡毛蒜皮的小事了。[4]

我与妻子的携手经历了很大的考验。我真的很想和她在一起，但她一开始并不确定。最后，我们在一起了，因为她看到了我的价值观。我很庆幸自己在当时已经拥有了这套价值观，如若不然，我就不会得到她，因为我配不上她。正如投资大师查理·芒格所说："若要找到一位优秀的伴侣，你先要成为一位优秀的伴侣。"[4]

我的妻子是个非常可爱的人。她重视家庭，我也如此。这是把我们两个联结在一起的基本价值观之一。

生儿育女会改变一个人。有了子女的那一刻，生命的意义、生命的目的等类似问题突然就有了答案，这种感觉非常神奇。突然间，宇宙中最重要的东西从你的身上转移到孩子的身上。你会因此而改变，你的价值观从本质上变得不那么自私了。[4]

理性佛教

> 问题越古老，答案存世的时间越长。

你把自己的生活哲学体系称为"理性佛教"。理性佛教与传统佛教有何不同？你经历了怎样的探索？

理性部分意味着我必须接受科学和进化论，我必须拒绝所有无法亲自验证的理念。例如，冥想有好处吗？是的。厘清思绪是件好事吗？是的。心猿之下是否有一个基本的意识层？是的。所有这些我都亲自验证过。

与此同时，我相信并遵循一些来自佛教的说法。原因是，我已对这些说法进行了验证，或者通过思想实验对其进行了论证。我不能接受类似"前世的业果，今生来偿还"的说法。我没见过前世，也不记得任何前世，所以没有办法相信。

还有"第三脉轮开启"等等，我觉得都有些玄虚。我无法证实，也无法确认。有的东西可能是真的，也可能是假的，但如果我无法证实，或者无法通过科学证明，那么无论是真是假，这个东西都是不可证伪的。不可证伪的东西不能被视为基本真理。

另一方面，我确定进化论是真的。进化赋予人类的使命是成为生存和繁殖机器。人类产生了自我意识，于是直立行走、制造工具、采取行动。对我来说，理性佛教意味着理解佛教所倡导的内在修行，以此让自己变得更快乐、更富有、更能活在当下、更能控制自己的情绪——成为一个更好的人。

我不会因为一个高深的概念被写进书里就觉得它是对的。我觉得自己不能飘浮起来，我也不认为冥想能给我带来什么超能力。要勇于尝试，亲自验证，始终保持怀疑精神，沙里淘金，使其为我所用。

所以，我的人生哲学就包含这两个方面：一方面是进化论，进化论是约束性原则，因为它解释了关于人类的诸多问题；另一方面是佛教，佛教是关于我们每个人内心状态的精神哲学，是最古老、最经得起时间考验的哲学。

我认为这两点并不矛盾，可以相辅相成，互为补充。实际上，我想写一篇博客，讨论一下如何把佛教的教义，尤其是那些可以验证的教义，直接映射到虚拟现实中。[4]

人之初，性本善，而后被污染腐化。智慧就是通过追求知识，去伪存真，抛弃罪恶，回归美德。

你如何定义智慧？

智慧是一种知道个人行为的长期后果的思维能力。[11]

> 如果仅仅通过语言就可以传授智慧，我们今天就不需要努
> 力了。

我们唯一拥有的是当下

除了当下，一切都是不存在的。没有人能够回到过去，也没有人能够以任何有意义的方式成功地预测未来。唯一存在的就是此时此地，就是你恰好存在的这个时刻和在宇宙空间里的这个位置。

就像所有伟大而深刻的真理一样，这些都是悖论。任何两个点都是无限不同的。任何时刻都是独一无二的。每一刻都转瞬即逝，时光是抓不住的。[4]

你每时每刻都在死亡和重生。是遗忘还是牢记，取决于你自己。[2]

> 只因在劫难逃，万物更显美好。你永远不会比此刻更美，我们
> 也永远不会重回此地。
>
> ——荷马，《伊利亚特》

　　我甚至不记得两分钟前我说了什么。过去最多只是我脑海中一些虚幻的记忆片段。在我看来，我的过去早已死去，消失不见。死亡唯一的真正含义就是不再有未来的时刻。[2]

灵感本易逝，行动应当时。

BONUS

额外推荐

科技的大众化使得任何人都可以成为创造者、企业家、科学家。未来会更加光明。

从统计学上看，更加先进的外星文明很可能存在。
希望他们是善良的环保主义者，而且觉得我们很可爱。

纳瓦尔的推荐读物

> 我阅读不是为了自我提升，而是出于好奇心和兴趣。最好的书
> 就是让人欲罢不能、爱不释手的书。

图书

（这部分包含很多链接，所以电子版可能更加方便。请在 navalmanack.com 下载本章内容的电子版，以便访问链接。）

> 大量阅读可以提高阅读品位，然后你会自然地开始阅读更多理
> 论、概念和非虚构类作品。

非虚构类

《无穷的开始：世界进步的本源》，戴维·多伊奇

这本书不是很好理解，但确实让我变得更聪明了。[79]

《人类简史：从动物到上帝》，尤瓦尔·赫拉利

这本书介绍了人类的历史。书中的观察、框架和心智模型会让你以不同的方式看待历史和人类。[1]

《人类简史》是我过去 10 年读过的最好的一本书。作者花了几十年写这本书，书中有很多精彩绝伦的想法，每一页都是思想的精华。[1]

《理性乐观派：一部人类经济进步史》，马特·里德利

这是我过去几年读过的最精彩、最具启发性的一本书。我推荐书单的前 20 本书中，有 4 本出自马特之手。

我推荐马特·里德利的所有作品。马特是一名科学家，一位乐观主义者，也是一名具有前瞻性的思想家。他是我最喜欢的作家之一。我读过他所有的作品，每一本都读了好几遍。[4]

→《基因组：生命之书 23 章》

→《红色皇后：性与人性的进化》

→《美德的起源：人类本能与协作的进化》

→《自下而上：万物进化简史》

《非对称风险》，纳西姆·塔勒布

这是我在 2018 年读的最好的一本书，强烈推荐。书中有很多引人入胜的观点，还有很多先进的心智模型和构想。作者对很多事情都带有批判态度，但这也是因为他太优秀了，有资格这样做。所以，

不要在意他的态度，只学习书中的概念就好。《非对称风险》是我读过的最好的商业书之一。幸运的是，这本书并没有被包装成一本商业书。[10]

《塔勒布智慧箴言录》，纳西姆·塔勒布

纳西姆在书中呈现了一系列古代智慧。他的其他著作包括《黑天鹅》《反脆弱》《随机漫步的傻瓜》等，这些书都值得一读。[7]

《费曼讲物理：入门》，理查德·费曼

我会把这本书和《费曼讲物理：相对论》都送给我的孩子。理查德·费曼是一位著名的物理学家。我非常喜欢他为人处世的风格和对物理的理解。

我正在读《费曼手札》。他的传记《天才：理查德·费曼的生命与科学》我也读了好几遍。[8]

《万物解释者：复杂事物的极简说明书》，兰道尔·门罗

兰道尔·门罗是科学漫画网站 xkcd 的创始人。他写的这本书特别棒。他在书中只用了英语中最常用的 1 000 个单词就清楚地阐释了潜艇、气候变化、物理系统等各种极为复杂的概念。比如，他把土星五号火箭称为"上行者五号"，因为如果用宇宙飞船等概念来解释"火箭"太复杂了，也解释不清楚，所以他用了"上行者"这个词。所谓"上行者"，就是一个向上升的东西，孩子们一下就懂了。[4]

《趣味物理寻答集》，刘易斯·卡罗尔·爱泼斯坦

这本书特别好，我没事就会翻开读读。书的封底上有这样一句话，我很喜欢："全球唯一一本小学生和研究生都可以使用的教材。"这句话说得很对。书中都是一些简单的物理难题，12 岁的孩子能理解，25 岁的物理研究生也可以深入思考。书中都是基本的物理学知识。尽管问题有点儿难度，但是任何人都可以通过纯粹的逻辑推理找到答案。[4]

《历史的教训》，威尔·杜兰特、阿里尔·杜兰特

这本书特别好，我非常喜欢。它提纲挈领地总结了一些宏大的历史主题。不同于大多数历史书，这本书实际上篇幅不长，却涵盖了多方面内容。[7]

《主权个体：把握向信息时代的过渡》（ *The Sovereign Individual: Mastering the Transition to the Information Age* ），**詹姆斯·戴尔·戴维森、威廉·里斯 – 莫格勋爵**

这是自《人类简史》以来我读过的最好的一本书（但远远没有《人类简史》畅销）。

《穷查理宝典：查理·芒格智慧箴言录》，查理·芒格、彼得·考夫曼（编）

这本书看起来像是一本商业书，但实际上是伯克希尔 – 哈撒韦公司董事会副主席查理·芒格的人生建议，讲的是如何超越自我，

过上成功而正直的生活。[7] [80]

《现实不似你所见：量子引力之旅》，卡洛·罗韦利

这是我 2019 年读过的最好的书。文笔优雅，简单易懂，涵盖了物理学、诗歌、哲学和历史等内容。

《七堂极简物理课》，卡洛·罗韦利

这本书我读了至少两遍。

想了解博弈论，除了玩策略游戏，你还可以读一下 J.D. 威廉斯的《竞争策略：策略博弈论入门》（ *The Compleat Strategyst: Being a Primer on the Theory of Games of Strategy* ）和罗伯特·阿克塞尔罗德的《合作的进化》。[11]

哲学和灵性类

杰德·麦肯纳的全部作品。

杰德在书中揭露了赤裸裸的真相，不加掩饰，毫无保留。他的风格或许不招人喜欢，但他对真相的坚持是无与伦比的。[79]

《万物理论（启蒙的视角）》——梦境三部曲

《杰德·麦肯纳笔记本》（ *Jed McKenna's Notebook* ）

《杰德演讲 #1》（ *Jed Talks #1* ）

《杰德演讲 #2》（ *Jed Talks #2* ）

医学博士卡皮尔·古普塔的全部作品。

卡皮尔最近成了我的私人顾问和教练，而我以前从不信"教练"这一套。[79]

《大师的生活秘语：消除生活噪声，寻求生命真相》（*A Master's Secret Whispers: For those who abhor noise and seek The Truth…about life and living*）

《直触真理：如何应对人生问题》（*Direct Truth: Uncompromising, non-prescriptive Truths to the enduring questions of life*）

《生命之书》，吉杜·克里希那穆提

克里希那穆提没有那么出名。他是一个出生于 19 世纪末、生活在 20 世纪的印度哲学家，对我影响极大。他坚定执着，直截了当。他的主要观点是，要时刻观察自己的思想。我深受他的影响。他最好的书应该就是《生命之书》，这是他各种演讲和图书的节选。[6]

我会把《生命之书》送给我的孩子，并告诉他们长大之后再读，因为年轻时读不懂其中的深意。[8]

《全然的自由：克里希那穆提要义》，吉杜·克里希那穆提

这是一本写给理性主义者的书，推荐给更有追求的人。作者在书中指出了人类思想的危险之处。这本书是我常翻常新的精神之书。[1]

《悉达多》，赫尔曼·黑塞

我非常喜欢这本关于哲学的经典著作，对刚刚起步的人来说，它是一部很好的入门作品，也是我最常赠送给别人的一本书。[1]

> 我会反复阅读克里希那穆提等人的作品，他们是我最喜欢的哲学家。[4]

（更新：现在我把杰德·麦肯纳、卡皮尔·古普塔、瓦希斯塔瑜伽和叔本华也加入阅读清单。）

《爱的方式：安东尼·德·梅勒的最后沉思》（*The Way to Love: The Last Meditations of Anthony de Mello*），安东尼·德·梅勒

《清醒地活》，迈克·辛格

《沉思录》，马可·奥勒留
马可·奥勒留对我的人生产生了巨大的影响。奥勒留是罗马皇帝，这本书是他的私人日记。所以，书中的内容都是奥勒留写给自己的，他从未想过会被出版。奥勒留应该是当时世界上最有权势的人。然而，打开这本书，你会发现他竟然也有着跟我们同样的问题和精神挣扎；他一直努力让自己成为一个更好的人。

读了这本书，你就会明白成功和权力并不能改善一个人的内在状态——你仍然需要为此付出努力。[6]

190

《让爱自己变成好习惯》，卡马尔·拉维坎特

这本书其实是我哥哥写的，我觉得语言非常简洁（显然此处为植入广告）。

他是我们家的哲学家，我只是个业余爱好者。这本书里有一句话说得特别好：

> 我曾经问一个和尚，他是如何找到内心的平静的。
>
> 他说："无论发生什么，我都说'好的'。" [7]

《塞涅卡之道：斯多葛派大师的实用书信》（*The Tao of Seneca: Practical Letters from a Stoic Master*）

这是我最爱听的一本有声书，也是最重要的一本。

《改变你的心智》，麦可·波伦

这本书写得很好，我觉得每个人都应该读一读。

这本书讨论的是迷幻药。迷幻药在自我观察中有点儿像作弊密码。我不会向任何人推荐药物，因为通过纯粹的冥想就可以做到自我观察，药物起的只是加速作用。[74]

《醒思录：李小龙的生活智慧》，李小龙

可能出乎大家的意料，李小龙也写过一些非常精彩的哲学文章，

《醒思录》这本书很好地总结了他的一些哲思。

《先知》，纪伯伦

这本书读起来像一本现代宗教诗集，对《薄伽梵歌》《道德经》《圣经》《古兰经》都有涉及。

纪伯伦的写作风格带有一种宗教感，但没有教派之分，讲述的都是真理，文风优雅亲切，文笔优美。我很喜欢这本书。

纪伯伦很有写作天赋，写的东西充满诗意：孩子是什么样子的；爱人是什么样子的；婚姻应该是什么样子的；应该如何对待敌人和朋友；应该如何处理金钱；每次必须杀生吃肉的时候，可以想些什么。我觉得这本书就像那些伟大的宗教著作一样，对如何处理生活中的主要问题给出了非常深刻、有哲理，同时又非常真实的答案。无论你信不信教，无论你是基督徒、印度教徒、犹太教徒还是无神论者，我都向你推荐《先知》这本书。我觉得这是一本很棒的书，值得一读。[7]

科幻类

我最开始读的是漫画和科幻小说，后来开始阅读历史和新闻类，最后喜欢上了心理学、科普和技术类。

《虚构集》，豪尔赫·路易斯·博尔赫斯

我喜欢豪尔赫·路易斯·博尔赫斯这位阿根廷作家，他的短篇小说集《虚构集》写得精彩绝伦。博尔赫斯可能是我读过的最有影响力的作家。他不是直接写哲学，而是以科幻小说的形式表达自己的哲学理念。[1]

《你一生的故事》，特德·姜

特德·姜的《领悟》是我目前最喜欢的科幻短篇小说。

这篇小说被收录在《你一生的故事》中。其中同名短篇小说《你一生的故事》被改编成电影《降临》。[1]

《呼吸》，特德·姜

这是我们这个时代最优秀的科幻短篇小说作家对热力学奇迹的思考。

《软件体的生命周期》

这本也是特德·姜的科幻巨作。

《雪崩》，尼尔·斯蒂芬森

《雪崩》是一本令人拍案叫绝的书，可以说独一无二、无可匹敌。斯蒂芬森还写了《钻石年代》。

《最后的问题》

艾萨克·阿西莫夫的短篇小说。

我经常引用《最后的问题》里的故事。我小时候就很喜欢这部小说。

你最近在重读什么书?

这是个好问题,我现在就打开 Kindle。我一般会反复读一些科学著作。

我在读一本关于勒内·基拉尔模仿理论的书。准确地说,这本书是对基拉尔理论的概述和解读,因为我读不懂他的原著。我还在读蒂姆·费里斯的《巨人的工具》,书中记录了他从许多采访过的杰出人士那里学到的东西。

另外还有《热信息复杂性》(Thermoinfocomplexity)。这本书是我的朋友贝赫扎德·莫希特写的。我刚读完罗伯特·西奥迪尼的《先发影响力》。我只是大概翻了一下,看得并不仔细。因为我觉得不需要从头至尾看完就可以知道整本书的观点,但略读一下还是很好的。这是一本不错的历史书。我还在读威尔·杜兰特写的《哲学的故事》。

我现在有一个年幼的孩子,所以我看了很多育儿类图书,也经常去里面查阅一些信息。我最近读了一些爱默生和查斯特菲尔德的作品。我这里还有一本列夫·托尔斯泰的书。

还有阿兰·瓦茨和史考特·亚当斯的书。我最近重读了《上帝的碎片》。另外还有《道德经》,我重读这本是因为我的一个朋友在重读它。

还有很多书，我可以一直说下去。我这里有尼采的书，还有蒂姆·哈福德写的《卧底经济学》，理查德·巴赫的《幻象》（ *Illusions: The Adventures of a Reluctant Messiah* ），以及几本杰德·麦肯纳的书。

这里还有几本戴尔·卡内基的作品，刘慈欣的《三体》，维克多·弗兰克尔的《活出生命的意义》，克里斯托弗·瑞安的《黎明时的性行为》（ *Sex at Dawn* ），等等。

顺便说一下，我在分享书目的时候，大概有 2/3 的书是不会说的。之所以不说，是因为我觉得不好意思，这些书听上去不像好书，谈论的话题似乎微不足道或傻里傻气。人们听了之后会说，"读这个干什么"。所以我不会把自己读的所有书都跟人分享。我什么书都读，包括被别人视为垃圾的书，甚至别人认为应该受到谴责的书。我也读那些跟我观点完全相反的书，以此启发自己思考。[4]

> 对于买书，我毫不吝啬，从不犹豫。我从不把买书视为一种开销，反而认为是一种投资。[4]

博客

（这部分包含很多链接，所以电子版可能更方便。请在 navalmanack.com 下载本章内容的电子版，以便访问链接。）

一些很棒的博客：

@KevinSimler—*Melting Asphalt*, https://meltingasphalt.com/

@farnamstreet—*Farnam Street, A Signal in a World Full of Noise*, https://fs.blog/

@benthompson—*Stratchery*, https://stratechery.com/

@baconmeteor—*Idle Words*, https://idlewords.com/ [4]

"The Munger Operating System: How to Live a Life That Really Works" by @FarnamStreet

自助和成功学类：

"The Day You Became a Better Writer"，史考特·亚当斯。

我从小就进行大量写作，还是很会写东西的，但是每当要写一些重要的文章时，我仍然会把这篇博客打开，以做参考。这篇文章非常好，我将其视为写好文章的基本模板。文章的标题很有吸引力。在这篇简短的博客里，史考特·亚当斯说明了出其不意、标题，以及简洁和直奔主题对写好一篇文章的重要性。他还建议，不要使用某些形容词和副词，要使用主动语态而不是被动语态，等等。如果你放平心态，认真学习，这篇文章能永远改变你的写作风格。[6]

你想在 10 分钟内变得更聪明吗？那就去读一下凯文·希姆勒的博客文章"Crony Beliefs"。

我读过的最好的有关"职业选择"（在硅谷和科技圈）的文章来

自博客 eladgil。

尤瓦尔·赫拉利《人类简史》在 You Tube 视频上的讲座或课程。

每个商学院都应该开设一门关于聚合理论的课程，或者直接向科技领域最好的分析师本·汤普森（推特账号：benthompson）学习。

埃利泽·尤德科夫斯基写的《像现实一样思考》是一篇很棒的文章。这篇文章的主要观点是"奇怪的不是量子物理学，而是你自己"。

必读博客：Lazy Leadership，推特账号：Awilkinson

博主 Edlatimore 网站的所有内容对所有想取得更高成就的人来说都值得一读：https://edlatimore.com/。作为一个白手起家的人，博主毫无保留地分享了自己的智慧。

> 如果按照"新闻"所倡导的方式吃饭、投资、思考，你最终会变得营养不良、两手空空、道德败坏。

其他推荐

推特账号推荐：

AmuseChimp（我最喜欢的推特账户）

mmay3r

nntaleb

Art De Vany（脸书账户）

天赋在人间，只是分布不均匀。

必读内容：博主 zaoyang 的推文"智力复利"。[1]

还有一些特别好的漫画小说。如果你能接受漫画元素，那么我推荐沃伦·埃利斯的《大都市》和《行星》，加思·恩尼斯的漫画《男孩》，尼尔·盖曼的漫画《睡魔》。我认为其中一些是我们这个时代最好的艺术作品。我是看漫画长大的，所以我对漫画作品可能颇为偏爱。[1]

《瑞克和莫蒂》（电视节目 + 漫画书）

《瑞克和莫蒂》是最好的电视节目（纯属个人愚见）。你看一集就知道有多好了。《瑞克和莫蒂》是《回到未来》和《银河系漫游指南》这两部经典科幻作品的结合。

扎克·戈尔曼创作的《瑞克和莫蒂》系列漫画跟动画片一样精彩纷呈。

《你和你的研究》，理查德·哈明。

这篇文章非常精彩，我强烈建议大家都读一下。从表面上看，这篇文章是为从事科学研究的人写的，但我认为它适用于所有人。文章的中心议题是如何把工作做到出色，里面都是过来人的建议。文章让我想起理查德·费曼曾经的观点，不过我认为，哈明的表达是最有说服力的。[74]

纳瓦尔的写作

生命公式一（2008 年）

这些是我写给自己的笔记。如果参照系不同，计算方法就会有所不同。这些不是定义，而是成功的算法。欢迎读者提供自己的见解。

→ 幸福 = 健康 + 财富 + 良好的人际关系

→ 健康 = 锻炼 + 饮食 + 睡眠

→ 锻炼 = 高强度耐力训练 + 体育运动 + 休息

→ 饮食 = 天然食物 + 间歇性禁食 + 植物

→ 睡眠 = 不要闹钟 + 8~9 小时 + 昼夜节律

→ 财富 = 收入 + 财富 ×（投资回报率）

→ 收入 = 责任 + 杠杆 + 专长

→ 责任 = 个人品牌 + 个人平台 + 承担风险？

→ 杠杆 = 资本 + 人力 + 知识产权

→ 专长 = 无法通过培训获得的知识

→ 投资回报 = "买入并持有" + 估值 + 安全边际 [72]

纳瓦尔的个人原则（2016 年）

→ 人生要义：活在当下。

→ 欲望即痛苦。（佛陀）

→ 执怒就像握了一把丢向他人的热煤炭，被烫伤的人反而是你。
（佛陀）

→ 如果不想跟一个人共事一生，那就一天都不要和他共事。

→ 阅读（学习）是终极元技能，可以换来其他任何东西。

→ 生活中所有的回报都来自复利。

→ 用头脑赚钱，而不是用时间赚钱。

→ 99% 的努力终将白费。

→ 任何时候都要完全诚实。诚实待人、积极向上，这是我们几
乎在任何时候都可以做到的。

→ 具体地表扬，泛泛地批评。（沃伦·巴菲特）

→ 真理是具有预测能力的理论。

→ 观察每一个想法。（自问："为什么我会有这个想法？"）

→ 生命的伟大在很大程度上源于苦难。

→ 爱是给予，不是接受。

→ 思考的间隙即开悟。（埃克哈特·托利）

→ 数学是自然的语言。

→ 每一刻都自成一体，自有意义。[5]

健康、爱和使命，以此为序，其他的都不重要。

进一步了解纳瓦尔

如果你喜欢这本书，还有很多途径可以进一步了解纳瓦尔。我正在 Navalmanack.com 上发布名为"纳瓦尔宝典"的系列短篇。其中的章节是从这本书的原始手稿中摘选出来的（原始手稿非常厚）。我已经把删减的内容发布到网上，供有兴趣了解纳瓦尔具体见解的读者参考：

→ 教育

→ AngelList 的故事

→ 投资

→ 创业公司

→ 加密货币

→ 人际关系

纳瓦尔会在以下平台继续创造并分享他的独到见解：

→ 推特：Twitter.com/naval

→ 播客：Naval

→ 个人网站：https://nav.al/

204

当编撰本书时，纳瓦尔最受欢迎的内容是：

→ 纳瓦尔播客汇编：如何致富

→ 知识工程播客对纳瓦尔的采访

→ 乔·罗根播客对纳瓦尔的采访

Readwise.io 慷慨地创建了这本书的摘录集，读者可在 Readwise.io/naval 网站获取。订阅后，每周会收到一封电子邮件，其中附有本书的重要摘录。这样，即使在读完本书很久以后，你也能把纳瓦尔的理念铭记于心。

如果喜欢杰克·布彻的插图，你可以在 Navalmanack.com 上找到更多他创作的纳瓦尔宝典插图，也可以在 VisualizeValue.com 上找到更多他的作品。

致谢

　　有太多人、太多事值得我感恩。这本书的背后凝结了很多人的付出和心血，每每想到这些，我就感到无比幸福，心底充满感激之情。

　　下面是我写的奥斯卡式的致谢：

　　我非常感谢纳瓦尔信任一个网上的陌生人，信任我把他说过的话编纂成书。这一切都始于一条漫不经心的推文。因为你的信任和支持，现在，一条推文变成了一部了不起的作品。我感激你的回应、慷慨和信任。

　　感谢巴巴克·尼维为我提供了最简洁、最精确的写作建议。谢谢你不吝时间让这本书变得更好。

　　谢谢蒂姆·费里斯，你打破了自己的铁律，为本书作序。你的参与对我来说意义重大，一定会让更多人受益于纳瓦尔的智慧。

　　这本书的主要内容来自谢恩·帕里什、乔·罗根、萨拉·莱西和蒂姆·费里斯等杰出创作者的访谈。我非常感谢你们在访谈时付出的所有努力。在创作这本书的过程中，我和其他人都从你们的工作中受益良多。

　　我很感激杰克·布彻伸出援手，用他的天赋和才华为本书创作了插图。我一直非常欣赏他在 Visualize Value（扩展程序）上的作品，完全是天才之作，我们都很幸运能在本书里看到他的作品。

感谢父母赐予我的天资，也谢谢你们付出的所有努力和牺牲，让我能够创作出这本书。你们为我所做的一切奠定了本书的基础，我会永远牢记。这本书就是"消除疑惑"家庭实践的鲜活例子。

感谢让尼娜·塞德尔，你是我强大的后盾，为我提供了无尽的爱和鼓励。你总是积极耐心，一直给我提供非常好的建议。谢谢你一直为我加油鼓气。

感谢凯瑟琳·马丁。你是一位真正出色的文本编辑，为这本书付出了巨大努力（也感谢戴维·佩雷尔介绍我们认识）。

感谢库沙尔·库拉拉特纳的诸多贡献。你在本书写作之初就相信它一定可以成功，你是本书的早期读者，在它羽翼未丰、漏洞百出的阶段提供了巨大的帮助。谢谢你的付出。

感谢马克斯·奥尔森、艾米莉·霍德曼和泰勒·皮尔逊。你们都是我的挚友，在本书创作和出版的整个过程中，你们成了我的顾问，为我提供了大量帮助。如果没有你们，我现在还在网上一通乱搜，叫骂不止。

感谢我的早期读者，感谢你们付出的时间、编辑和明智的建议。你们每个人都为本书做出了宝贵的贡献。没有你们，本书就不会是现在的样子。我向你们每个人致以我最诚挚的谢意：安德鲁·法拉、特里斯坦·霍姆西、丹尼尔·杜瓦永、杰西·雅各布斯、肖恩·奥康纳、亚当·韦克斯曼、凯兰·佩里、克里斯·金特罗、乔治·麦克、布伦特·贝肖尔、沙恩·帕里什、泰勒·皮尔逊、本·克兰、坎达丝·吴、沙恩·马克、杰西·鲍尔斯、特雷弗·麦肯德里克、戴维·佩雷尔、纳塔莱·康斯坦丁、本·阿克森、诺厄·马登、克里斯·吉勒特、梅根·达内尔和扎克·安德森·佩蒂特。

感谢给本书的诞生带来灵感的书籍作者和内容创作者。在我的生命中，有一些类似的书彻底改变了我的人生，我对它们深怀感激。这也是我创作和分享本书的直接动力。在这里我想特别列出其中几本：

→ 彼得·考夫曼编辑的《穷查理宝典：查理·芒格智慧箴言录》

→ 布莱克·马斯特斯的《从 0 到 1》

→ 皮特·贝弗林的《探索智慧：从达尔文到芒格》

→ 马克斯·奥尔森编辑的《巴菲特致股东的信》

→ 瑞·达利欧及其团队的《原则》

感谢 Scribe 媒体公司团队在本书的编撰初期给予的真诚支持。扎克·奥布朗特提供了绝佳的建议，编辑哈尔·克利福德充满耐心，精益求精。

感谢塔克·马克斯创立了 Scribe 媒体公司，组建了一支出色的团队，并亲自关注和支持本书的创作。我很感激你为了追求伟大的产品而忽略我的感受。我非常感谢你对我的信任，谢谢你相信我可以做好这个工作。

感谢博和扎里的整个团队，谢谢你们包容我对这本书的痴迷和努力，谢谢你们的耐心和风度。

同时，我也非常感谢许多网上的朋友和陌生人，谢谢你们支持和鼓励我完成了本书的创作。我的私信里充满了亲切的话语和热切的询问。感谢大家每一个善意的举动，你们的能量帮助我度过了上千个小时，这本书为你们而作。

附录

[1] Ravikant, Naval. "Naval Ravikant Was Live." *Periscope*, January 20, 2018. https://www.pscp.tv/w/1eaKbqrWloRxX.

[2] Ravikant, Naval. "Naval Ravikant Was Live." *Periscope*, February 11, 2018. https://www.pscp.tv/w/1MnGneBLZVmKO.

[3] Ferriss, Tim. *Tribe of Mentors: Short Life Advice from the Best in the World.* New York: Houghton Mifflin Harcourt, 2017. https://amzn.to/2U2kE3b.

[4] Ravikant, Naval and Shane Parrish. "Naval Ravikant: The Angel Philosopher." *Farnam Street*, 2019. https://fs.blog/naval-ravikant/.

[5] Ferriss, Tim. *Tools of Titans: The Tactics, Routines, and Habits of Billionaires, Icons, and World-Class Performers.* New York: Houghton Mifflin Harcourt, 2016.

[6] Ferriss, Tim. "The Person I Call Most Often for Startup Advice (#97)." *The Tim Ferriss Show*, August 18, 2015. https://tim.blog/2015/08/18/the-evolutionary-angel-naval-ravikant/.

[7] Ferriss, Tim. "Naval Ravikant on the Tim Ferriss Show—Transcript." *The Tim Ferriss Show*, 2019. https://tim.blog/naval-ravikant-on-the-tim-ferriss-show-transcript/.

[8] *Killing Buddha* Interviews. "Chief Executive Philosopher: Naval Ravikant On Suffering and Acceptance." *Killing Buddha*, 2016. http://www.killingbuddha.co/blog/2016/2/7/naval-ravikant-ceo-of-angellist; "Chief Executive Philosopher: Naval Ravikant On the Skill of Happiness." *Killing Buddha*, 2016. http://www.killingbuddha.co/blog/2016/2/10/chief-executive-philosopher-naval-on-

happiness-as-peace-and-choosing-your-desires-carefully; "Chief Executive Philosopher: Naval Ravikant On Who He Admires." *Killing Buddha,* 2016. http://www.killingbuddha.co/blog/2016/2/19/naval-ravikant-on-who-he-admires; "Chief Executive Philosopher: Naval Ravikant On the Give and Take of the Modern World." *Killing Buddha,* 2016. http://www.killingbuddha.co/blog/2016/2/23/old-bodies-in-a-new-world; "Chief Executive Philosopher: Naval Ravikant On Travelling Lightly." *Killing Buddha,* 2016. http://www.killingbuddha.co/blog/2016/9/19/naval-ravikant-on-travelling-lightly; "Naval Ravikant on Wim Hof, His Advice to His Children, and How He Wants to Look Back on His Life." *Killing Buddha,* 2016. http://www.killingbuddha.co/blog/2016/12/28/naval-ravikant-on-advice-to-his-children.

[9]   DeSena, Joe. "155: It's All About Your Desires, Says AngelList Founder Naval Ravikant." *Spartan Up!*, 2019. https://player.fm/series/spartan-up-audio/155-its-all-about-your-desires-says-angel-list-founder-naval-ravikantunder-naval-ravikant.

[10] "Naval Ravikant was live." *Periscope,* April 29, 2018. https://www.pscp.tv/w/1lDGLaBmWRwJm.

[11] Ravikant, Naval. Twitter, Twitter.com/Naval.

[12] Naval Ravikant, "What the World's Smartest People Do When They Want to Get to the Next Level," interview by Adrian Bye, *MeetInnovators,* Adrian Bye, April 1, 2013. http://meetinnovators.com/2013/04/01/naval-ravikant-angellist/.

[13] "Episode 2—Notions of Capital & Naval Ravikant of Angellist," *Origins* from SoundCloud. https://soundcloud.com/notation-capital.

[14] "Naval Ravikant—A Monk in Silicon Valley Tells Us He's Ruthless About Time." *Outliers with Panjak Mishra* from Soundcloud, 2017. https://soundcloud.com/factordaily/ep-06-naval-ravikant-angellis.

[15] Ravikant, Naval and Babak Nivi. "Before Product-Market Fit, Find Passion-Market Fit." *Venture Hacks,* July 17, 2011. https://venturehacks.com/articles/passion-market.

[16] Cohan, Peter. "AngelList: How a Silicon Valley Mogul Found His Passion." *Forbes*, February 6, 2012. https://www.forbes.com/sites/petercohan/2012/02/06/angellist-how-a-silicon-valley-mogul-found-his-passion/#729d979bbbe6.

[17] Ravikant, Naval. "Why You Can't Hire." *Naval*, December 13, 2011. https://startupboy.com/2011/12/13/why-you-cant-hire/.

[18] Ravikant, Naval. "The Returns to Entrepreneurship." *Naval*, November 9, 2009. https://startupboy.com/2009/11/09/the-returns-to-entrepreneurship/.

[19] Ravikant, Naval. "Build a Team That Ships." *Naval*, April 27, 2012. https://startupboy.com/2012/04/27/build-a-team-that-ships/.

[20] Ravikant, Naval. "The 80-Hour Myth." *Naval*, November 29, 2005. https://startupboy.com/2005/11/29/the-80-hour-myth/.

[21] Ravikant, Naval. "The Unbundling of the Venture Capital Industry." *Naval*, December 1, 2010. https://startupboy.com/2010/12/01/the-unbundling-of-the-venture-capital-industry/.

[22] Ravikant, Naval. "Funding Markets Develop in Reverse." *Naval*, December 1, 2010. https://startupboy.com/2010/12/01/funding-markets-develop-in-reverse/.

[23] Nivi, Babak. "Startups Are Here to Save the World." *Venture Hacks,* February 7, 2013. https://venturehacks.com/articles/save-the-world.

[24] Nivi, Babak. "The Entrepreneurial Age." *Venture Hacks,* February 25, 2013. https://venturehacks.com/articles/the-entrepreneurial-age.

[25] Ravikant, Naval. "VC Bundling." *Naval*, December 1, 2005. https://startupboy.com/2005/12/01/vc-bundling/.

[26] Ravikant, Naval. "A Venture SLA." *Naval,* June 28, 2013. https://startupboy.com/2013/06/28/a-venture-sla/.

[27] Nivi, Babak. "No Tradeoff between Quality and Scale." *Venture Hacks*, February 18,

2013. https://venturehacks.com/there-is-no-finish-line-for-entrepreneurs.

[30] Ravikant, Naval, "An interview with Naval Ravikant," interview by Elad Gil, *High Growth Handbook,* Stripe Press, 2019. http://growth.eladgil.com/book/ cofounders/managing-your-board-an-interview-with-naval-ravikant-part-1/.

[31] Ferriss, Tim. "Tools of Titans—A Few Goodies from the Cutting Room Floor." *The Tim Ferriss Show,* June 20, 2017. https://tim.blog/2017/06/20/ tools-of-titans-goodies/.

[32] Delevett, Peter. "Naval Ravikant of AngelList Went from Dot-Com Pariah to Silicon Valley Power Broker." *The Mercury News,* February 6, 2013. https://www. mercurynews.com/2013/02/06/naval-ravikant-of-angellist-went-from-dot-com- pariah-to-silicon-valley-power-broker/.

[33] Coburn, Lawrence. "The Quiet Rise of AngelList." *The Next Web*, October 4, 2010. https://thenextweb.com/location/2010/10/04/the-quiet-rise-of-angellist/.

[34] Loizos, Conny. "His Brand Burnished, Naval Ravikant Plans New Fund with Babak Nivi." *The PEHub Network*, November 5, 2010.

[35] Nivi, Babak. "Venture Hacks Sucks Now, All You Talk About Is AngelList." *Venture Hacks,* February 17, 2011, https://venturehacks.com/articles/venture-hacks-sucks.

[36] Kincaid, Jason. "The Venture Hacks Startup List Helps Fledgling Startups Pitch Top Angel Investors." *TechCrunch,* February 3 2010. https://techcrunch. com/2010/02/03/startuplist-angel-investors/.

[37] Babak, Nivi. "1.5 Years of AngelList: 8000 Intros, 400 Investments, and That's Just the Data We Can Tell You About." *Venture Hacks,* July 25, 2011. https:// venturehacks.com/articles/centi-sesquicentennial.

[38] Smillie, Eric. "Avenging Angel." *Dartmouth Alumni Magazine*, Winter 2014. https:// dartmouthalumnimagazine.com/articles/avenging-angel.

[39] Babak, Nivi. "AngelList New Employee Reading List." *Venture Hacks,* October 26,

2013. https://venturehacks.com/articles/reading.

[40] Babak, Nivi. "Things We Care About at AngelList." *Venture Hacks*, October 11, 2013. http://venturehacks.com/articles/care.

[41] Rivlin, Gary. "Founders of Web Site Accuse Backers of Cheating Them." *The New York Times*, January 26, 2005. https://www.nytimes.com/2005/01/26/technology/founders-of-web-site-accuse-backers-of-cheating-them.html.

[42] PandoDaily. "PandoMonthly: Fireside Chat with AngelList Co-Founder Naval Ravikant." November 17, 2012. YouTube video, 2:03:52. https://www.youtube.com/watch?v=2htl-O1oDcI.

[43] Ravikant, Naval. "Ep. 30—Naval Ravikant—AngelList (1 of 2)." Interview by Kevin Weeks. *Venture Studio*, 2016.

[44] Sloan, Paul. "AngelList Attacks Another Startup Pain Point: Legal Fees." CNet, September 5, 2012. https://www.cnet.com/news/angellist-attacks-another-startup-pain-point-legal-fees/.

[45] Ravikant, Naval. "Naval Ravikant on How Crypto Is Squeezing VCs, Hindering Regulators, and Bringing Users Choice." Interview by Laura Shin. *UnChained*, November 29, 2017. http://unchainedpodcast.co/naval-ravikant-on-how-crypto-is-squeezing-vcs-hindering-regulators-and-bringing-users-choice.

[46] Ravikant, Naval. "Introducing: Venture Hacks." *Naval*, April 2, 2007. https://startupboy.com/2007/04/02/introducing-venture-hacks/.

[47] Ravikant, Naval. "Ep. 31—Naval Ravikant—AngelList (2 of 2)." Interview by Kevin Weeks. *Venture Studio*, 2016.

[48] AngelList. "Syndicates/For Investors." https://angel.co/syndicates/for-investors#syndicates.

[49] Ferriss, Tim. "You'd Like to Be an Angel Investor? Here's How You Can Invest in My Deals..." *The Tim Ferriss Show*, September 23, 2013. https://tim.blog/2013/09/23/

214

youd-like-to-be-an-angel-investor-heres-how-you-can-invest-in-my-deals/.

[50] Buhr, Sarah. "AngelList Acquires Product Hunt." *TechCrunch*, December 1, 2016. https://techcrunch.com/2016/12/01/angelhunt/.

[51] Wagner, Kurt. "AngelList Has Acquired Product Hunt for around $20 Million." *Vox*, December 1, 2016. https://www.recode.net/2016/12/1/13802154/angellist-product-hunt-acquisition.

[52] Hoover, Ryan. "Connect the Dots." *Ryan Hoover,* May 1, 2013. http://ryanhoover.me/post/49363486516/connect-the-dots.

[53] "Naval Ravikant." *Angel*. https://angel.co/naval.

[54] Babak, Nivi. "Welcoming the Kauffman Foundation." *Venture Hacks,* October 5, 2010. http://venturehacks.com/articles/kauffman.

[55] "Introducing CoinList." *Medium,* October 20, 2017. https://medium.com/@coinlist/introducing-coinlist-16253eb5cdc3.

[56] Hochstein, Marc. "Most Influential in Blockchain 2017 #4: Naval Ravikant." *CoinDesk*, December 31, 2017. https://www.coindesk.com/coindesk-most-influential-2017-4-naval-ravikant/.

[57] Henry, Zoe. "Why a Group of AngelList and Uber Expats Launched This New Crowdfunding Website." *Inc.*, July 18, 2016. https://www.inc.com/zoe-henry/republic-launches-with-angellist-and-uber-alumni.html.

[58] "New Impact, New Inclusion in Equity Crowdfunding." *Republic,* July 18, 2016. https://republic.co/blog/new-impact-new-inclusion-in-equity-crowdfunding.

[59] AngelList. "Done Deals." https://angel.co/done-deals.

[60] Ravikant, Naval. "Bitcoin—the Internet of Money." *Naval,* November 7, 2013. https://startupboy.com/2013/11/07/bitcoin-the-internet-of-money/.

[61] Token Summit. "Token Summit II—Cryptocurrency, Money, and the Future with Naval Ravikant." December 22, 2017. YouTube video , 32:47. https://www.youtube.com/watch?v=few99D5WnRg.

[62] Blockstreet HQ. "Beyond Blockchain Episode #3: Naval Ravikant." December 5, 2018. YouTube video, 6:01. https://www.youtube.com/watch?v=jCtOHUMaUY8.

[63] Ravikant, Naval. "The Truth About Hard Work." *Naval*, December 25, 2018. https://startupboy.com/2018/12/25/the-truth-about-hard-work/.

[64] "Live Stories: The Present and Future of Crypto with Naval Ravikant and Balaji Srinivasan." *Listen Notes*, November 16, 2018.

[65] Blockstack. "Investment Panel: Naval Ravikant, Meltem Demirors, Garry Tan." August 11, 2017. YouTube video, 27:16. https://www.youtube.com/watch?v=o1mkxci6vvo.

[66] Yang, Sizhao (@zaoyang). "1/Why Does the ICO Opportunity Exist at All?" August 19, 2017, 1:43 p.m. https://twitter.com/zaoyang/status/899008960220372992.

[67] Ravikant, Naval. "Towards a Literate Nation." *Naval*, December 11, 2011. https://startupboy.com/2011/12/11/towards-a-literate-nation/.

[68] Ravikant, Naval. "Be Chaotic Neutral." *Naval*, October 31, 2006. https://startupboy.com/2006/10/31/be-chaotic-neutral/.

[69] AngelList. "AngelList Year in Review." 2018. https://angel.co/2018.

[70] Ravikant, Naval. "The Fifth Protocol." *Naval*, April 1, 2014. https://startupboy.com/2014/04/01/the-fifth-protocol/.

[71] "Is Naval the Ravikant the Nicest Guy in Tech?" *Product Hunt*, September 21, 2015. https://blog.producthunt.com/is-naval-ravikant-the-nicest-guy-in-tech-7f5261d1c23c.

[72] Ravikant, Naval. "Life Formulas I." *Naval*, February 8, 2008. https://startupboy.

com/2008/02/08/life-formulas-i/.

[73] @ScottAdamsSays. "Scott Adams Talks to Naval..." *Periscope*, 2018. https://www.pscp.tv/w/1nAKERdZMkkGL.

[74] @Naval. "Naval Ravikant was live." *Periscope*, February 2019. https://www.pscp.tv/w/1nAKEyeLYmRKL.

[75] "4 Kinds of Luck." https://nav.al/money-luck.

[76] Kaiser, Caleb. "Naval Ravikant's Guide to Choosing Your First Job in Tech." *AngelList*, February 21, 2019. https://angel.co/blog/naval-ravikants-guide-to-choosing-your-first-job-in-tech?utm_campaign=platform-newsletter&utm_medium=email.

[77] PowerfulJRE. "Joe Rogan Experience #1309—Naval Ravikant." June 4, 2019. YouTube video, 2:11:56. https://www.youtube.com/watch?v=3qHkcs3kG44.

[78] Ravikant, Naval. "How to Get Rich: Every Episode." *Naval*, June 3, 2019. https://nav.al/how-to-get-rich.

[79] Ravikant, Naval. Original content created for this book, September 2019.

[80] Jorgenson, Eric. Original content written for this book, June 2019.